KB101757

틈만 나면 보고 싶은

융합 과학 이야기

멸종 생물을 깨워라!

틈만 나면 보고 싶은 융합 과학 이야기

멸종 생물을 깨워라!

초판 1쇄 발행 2015년 2월 10일
초판 4쇄 발행 2019년 6월 15일

글 서지원, 조선학 | **그림** 박수영 | **감수** 구본철

펴낸이 이욱상 | **창의1실장** 강희경 | **책임편집** 최지연
디자인팀장 목진성 | **디자인** 손정은 | **본문 편집** 구름돌(문주영, 이현경, 김홍비, 홍진영)
사진 제공 유로크레온, 두피디아 포토박스, PNAS

펴낸곳 동아출판㈜ | **주소** 서울시 영등포구 은행로 30 9층
대표전화(내용·구입·교환 문의) 1644-0600 | **홈페이지** www.dongapublishing.com
신고번호 제300-1951-4호(1951. 9. 19.)

ISBN 978-89-00-37668-5 74400 978-89-00-37669-2 74400(세트)

* 이 도서의 국립중앙도서관 출판사도서목록(CIP)은 e-CIP 홈페이지(http://www.nl.go.kr)에서 이용하실 수 있습니다.

* 잘못된 책은 바꾸어 드립니다.
* 책값은 뒤표지에 있습니다.

틈만 나면 보고 싶은

융합 과학 이야기

멸종 생물을 깨워라!

글 서지원·조선학 그림 박수영

감수 구본철(전 KAIST 교수)

동아출판

추천의 말

미래 인재는 창의 융합 인재

이 책을 읽다 보니, 내가 어렸을 때 에디슨의 발명 이야기를 읽던 기억이 납니다. 그때 나는 에디슨이 달걀을 품은 이야기를 읽으면서 병아리를 부화시킬 수 있을 것 같다는 생각도 해 보았고, 에디슨이 발명한 축음기 사진을 보면서 멋진 공연을 하는 노래 요정들을 만나는 상상을 하기도 했습니다. 그러다가 직접 시계와 라디오를 분해하다 망가뜨려서 결국은 수리를 맡긴 일도 있었습니다.

지금 와서 생각해 보면 어린 시절의 경험과 생각들은 내 미래를 꿈꾸게 해 주었고, 지금의 나로 성장하게 해 주었습니다. 그래서 나는 어린 학생들을 만나면 행복한 것을 상상하고, 미래에 대한 꿈을 갖고, 꿈을 향해 열심히 도전하고, 상상한 미래를 꼭 실천해 보라고 이야기합니다.

어린이 여러분의 꿈은 무엇인가요? 여러분이 주인공이 될 미래는 어떤 세상일까요? 미래는 과학기술이 더욱 발전해서 지금보다 더 편리하고 신기한 것도 많아지겠지만, 우리들이 함께 해결해야 할 문제들도 많아질 것입니다. 그래서 과학을 단순히 지식으로만 이해하는 것이 아니라, 세상을 아름답고 편리하게 만들기 위해 여러 관점에서 바라보고 창의적으로 접근하는 융합적인 사고가 중요합니다. 나는 여러분이 즐겁고 풍요로운 미래 세상을 열어 주는, 훌륭한 사람이 될 것이라고 믿습니다.

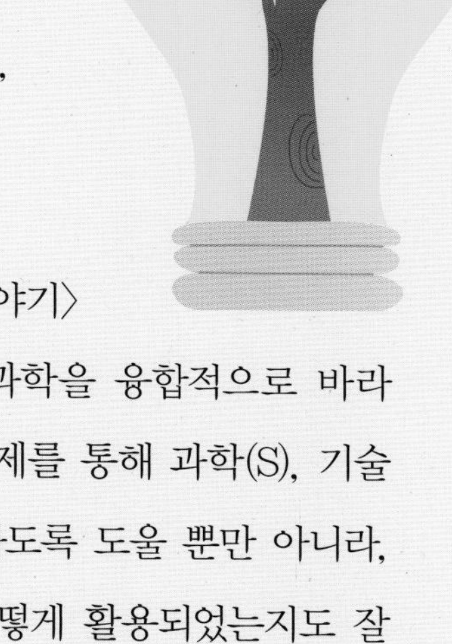

동아출판 〈틈만 나면 보고 싶은 융합 과학 이야기〉 시리즈는 그동안 과학을 설명하던 방식과 달리, 과학을 융합적으로 바라볼 수 있도록 구성되었습니다. 각 권은 생활 속 주제를 통해 과학(S), 기술공학(TE), 수학(M), 인문예술(A) 지식을 잘 이해하도록 도울 뿐만 아니라, 과학 원리가 우리 생활을 편리하게 해 주는 데 어떻게 활용되었는지도 잘 보여 줍니다. 나는 이 책을 읽는 어린이들이 풍부한 상상력과 창의적인 생각으로 미래 인재인 창의 융합 인재로 성장하리라는 것을 확신합니다.

전 카이스트 문화기술대학원 교수 구본철

멸종 생물의 비밀을 밝혀 보세요!

공룡은 아주 오래전 지구에서 살다가 멸종된 생물이에요. 지금 우리는 공룡의 모습을 앙상한 뼈 화석으로만 만날 수 있지요. 사람들이 처음 공룡의 뼈 화석을 발견했을 때는 보통 뼈다귀와 다름없을 거라고 생각했어요.

하지만 몇몇 과학자들은 그 뼈 화석을 통해서 공룡이 살았던 오래전 지구의 모습을 추리하고, 알아내기 시작했어요. 오랜 연구 끝에 공룡이 알을 낳았고 하늘, 땅, 바다에서 두루 살았다는 사실을 알아냈지요. 공룡의 이빨 화석을 통해서 어떤 먹이를 먹었을지 추리해 냈고, 그것을 바탕으로 아주 오래전 지구에 살았던 생물의 종류도 알아냈어요.

과학 기술이 발달하자 과학자들은 공룡의 뼈 화석을 분석해서 그들이 살았던 정확한 연도, 당시 지구의 온도, 자연 환경과 기후까지 알아냈어요. 나아가 지구가 만들어진 과정도 추리할 수 있었지요.

공룡의 뼈 화석이 과거의 문을 여는 타임머신이 된 거예요.

아주 작은 가능성이었지만, 포기하지 않고 노력한 과학자들 덕분에 오늘날 우리는 몇 억 년 전 지구를 지배했던 거대한 공룡에 대해 아주 자세히 알게 되었고 친근하게 느끼게 되었어요. 이것이 바로 과학의 시작이고, 발전의 가능성이랍니다.

이 책은 공룡에 대한 지식뿐 아니라 작은 단서에서부터 시작된 무한한 가능성에 대해 이야기하고 있어요. 공룡 뼈를 발굴하는 데 푹 빠진 다구 삼촌과 삼촌을 만나러 와서 화석의 재미에 빠진 혜별이 이야기를 통해 과학(S)뿐만 아니라 기술공학(TE), 예술(A), 수학(M)이 어우러진 스팀(STEAM) 학습, 즉 융합적인 사고를 하는 기회가 될 거예요.

공룡을 비롯해 지구에 살다 간 수많은 멸종 생물들, 그 생물들은 언제 지구에서 사라진 걸까요? 인간은 그 생물들에 대해 얼마나 알고 있을까요? 지금부터 멸종 생물의 비밀을 하나씩 밝혀 볼까요?

서지원, 조선학

차례

1장 과거로 떠나자!

2장 화석으로 복원하자!

3장 화석의 나이를 밝히자!

4장 공룡을 만나자!

과거로 떠나자!

뿡! 뿡! 뿡!!

1장

유별난 다구 삼촌

삼촌은 참 신기하고 유별난 사람이다.

얼마나 유별난지 사람들은 삼촌을 '뼈다구' 또는 '다구'라고 부른다.

삼촌에게 이 괴상한 별명이 생긴 건 삼촌의 직업 때문이다.

삼촌은 땅에 묻힌 화석을 찾으러 다니는 **고생물 학자**인데, 화석을 찾아서 몽골, 유럽, 중국 등 여러 곳을 다녔다고 한다. 그래서 나도 삼촌을 **다구 삼촌**이라고 부른다. 그런 삼촌이 어느 날 경상남도 고성의 한 화석 발굴지로 나를 초대했다.

나는 황금 같은 휴일에 짜릿하고 신 나는 놀이공원 대신 재미없는 화석 발굴지에 가야 한다는 게 무척 싫었다.

'에휴, 이렇게 화창한 날씨에 **화석 발굴지**라니!'

하지만 삼촌이 매년 보내 주는 크리스마스 선물과 생일 선물을 받으려면 어쩔 수 없이 삼촌을 만나러 고성으로 가야만 했다.

"혜별이 왔니?"

흙투성이 옷차림의 삼촌이 내게 인사했다. 나는 삼촌의 모습이 부끄러워서 잠시 딴청을 피웠다. 보통 학자라고 하면 반듯한 양복 차림에, 두꺼운 책을 든 멋지고 신사다운 모습을 상상할 것이다. 하지만 삼촌은 늘 흙투성이 옷차림으로 고개를 푹 숙이고 땅만 보며 다녔다.

"찾았다!"

삼촌이 땅에서 무언가를 조심조심 들어 올렸다. 나는 곁눈질로 삼촌을 엿보다가 깜짝 놀랐다. 삼촌이 땅에서 꺼낸 건 바로 뼈였기 때문이다.

"맙소사, 이건 어마어마한 발견이야!"

삼촌은 흥분한 나머지 팔짝 뛰며 소리를 질렀다.

"그게 무슨 뼈예요?"

"이건 공룡 뼈 화석이야. 약 200년 전 기디언 맨텔이 처음 공룡 뼈 화석을 발견했을 때도 이런 기분이었을까?"

삼촌은 이상한 뼈 하나를 집어 들고서 어쩔 줄 몰라 했다.

"옛날에도 삼촌처럼 땅에서 뼈를 발견하고 이렇게나 좋아하는 사람들이 있었나요?"

내가 시큰둥하게 묻자 삼촌은 당연하다는 듯이 이야기를 시작했다.

맨텔이 발견한 돌

"과학자들 가운데 뼈 모양만 보면 정신을 못 차리는 사람이 있었지."

"쳇, 엉뚱해."

나는 이해가 안 간다는 듯 입술을 삐죽였다. 뼈 모양만 보면 넋을 잃고 만다는 그 엉뚱한 과학자의 이름은 기디언 맨텔이라는 사람이었다.

"맨텔은 어느 시골 마을의 의사였어. 당시에 시골 의사는 별로 할 일이 없었어. 사람이 워낙 적은 마을이어서 일주일에 한두 번 환자가 찾아올 정도로 한가했지. 맨텔은 시간이 날 때마다 마을 뒷산을 산책하며 여유로운 하루하루를 보냈어."

1822년 어느 날 맨텔의 부인이 길을 가다가 특이한 돌 하나를 주웠다고 한다. 그 돌에는 5cm 정도 크기의 뾰족하고 날카로운 모양이 있었는데, 맨텔은 그것의 정체를 궁금해했다고 한다.

아무래도 그냥
돌 같지는 않아.
동물의 뼈 같은데…….
맨텔이 발견한 돌

기디언 맨텔
영국의 의사이자 지질학자로,
영국 서식스 지방의 중생대 고생물을 연구했다.
1822년 이구아노돈의 화석을 처음으로 발견했다.

"그것이 뭐였는데요?"

내가 묻자 삼촌은 침을 **꿀꺽** 삼키며 말을 이었다.

"맨텔은 그 모양이 단순한 돌이 아니라, 혹시 동물의 뼈가 아닐까 생각했어. 그래서 조르주 퀴비에를 찾아갔지. 퀴비에는 세상에서 모르는 동물이 없을 정도로 박식한 동물 학자였는데, 의외로 그의 대답은 실망스러웠어."

"뭐라고 했는데요?"

"코뿔소의 뿔이라고 했지."

"그게 정말이에요?"

내가 의심스러운 듯이 묻자 삼촌이 말했다.

"맨텔도 그 대답을 의심스러워했어. 코뿔소의 몸길이는 보통 3~5m야. 그런데 그게 만약 코뿔소의 뿔이라면 그 코뿔소는 덩치가 비정상적으로 작아야 해. 그렇다고 코뿔소의 이빨 같아 보이지도 않았지. 그게 코뿔소의 이빨이라면 그 코뿔소는 몸길이가 10m도 넘어야 하는데, 세상에 그렇게 큰 코뿔소는 없으니까."

그것이 내 뿔이라면 내 몸길이는 30cm 정도여야 해.
그것이 내 이빨이라면 내 몸길이는 10m가 넘을 거야.
코뿔소의 뿔
코뿔소의 이빨

"대체 그게 뭐였는데요?"

"맨텔도 궁금했지. 하지만 아무도 그것의 정체를 궁금해하지 않았어."

"그래서 맨텔이 포기했나요?"

"천만에."

맨텔은 돌을 들고 런던까지 가서 유명한 학자들에게 그것의 정체를 물어보았다고 한다. 학자들은 그것을 보고 온갖 답을 내놓았단다.

"어떤 학자는 물고기의 **이빨**이라고 했고, 어떤 학자는 사자의 이빨이라고 했어. 또 어떤 학자는 새의 **발톱** 같다고 했지. 그러나 맨텔은 전혀 공감할 수 없었어. 그것이 동물의 이빨이나 발톱과는 다르다고 생각했으니까. 하지만 학자들은 그런 맨텔을 비웃었어."

맨텔은 혼자서라도 그것의 정체를 밝히기 위해 박물관에 있는 모든 동물 뼈의 표본과 그것을 비교해 보았다고 한다.

"맨텔은 하루 종일 정보를 찾아 헤맸어. 하지만 도무지 그것의 정체를 알 수 없었지. 절망하며 지내던 어느 날 박물관 연구원이 중얼거리는 말을 들었어. 연구원은 맨텔이 가지고 있던 돌을 보며 남아메리카에서 본 이구아나 이빨과 비슷하다고 했지."

어떻게 해서라도
그것의 정체를 밝힐 거야.
어떤 모양과
가장 비슷할까?
Cervidae
B. Canis familiaris

이 돌이 화석이라고?

“맨텔은 남아메리카에서 가져온 이구아나 이빨을 직접 확인해 봤어. 아니나 다를까 돌에 있는 모양은 **이구아나 이빨**과 꼭 닮은 거야.”

이구아나는 주로 멕시코, 중앙아메리카, 남아메리카 강가의 숲에서 산다. 대형 도마뱀으로 몸길이는 대부분 1~2m이다.

“그게 정말 이구아나 이빨이었나요?”

“비슷했지.”

“에이, 무슨 대답이 그래요?”

“생각해 봐. 만약 그것이 이구아나 이빨이라면 그 이빨의 주인인 이구아나는 몸길이가 10m나 되는 아주 큰 녀석이었을 거야. 그렇지 않다면 그렇게 큰 이빨을 가졌을 리가 없잖아. 하지만 실제 이구아나 몸길이는 아무리 크다고 해도 2m 정도밖에 되지 않아.”

"그러네요!"

나는 무릎을 **탁** 치며 외쳤다.

"그래서 맨텔은 새로운 가설을 하나 세웠지. 과거에는 엄청나게 거대한 초식 파충류가 살았을지도 모른다는 거였어."

맨텔은 이 거대한 초식 파충류의 이름을 **'이구아노돈'**이라고 지었는데, 사람들은 맨텔의 가설이 황당한 상상이라며 코웃음을 쳤다고 한다.

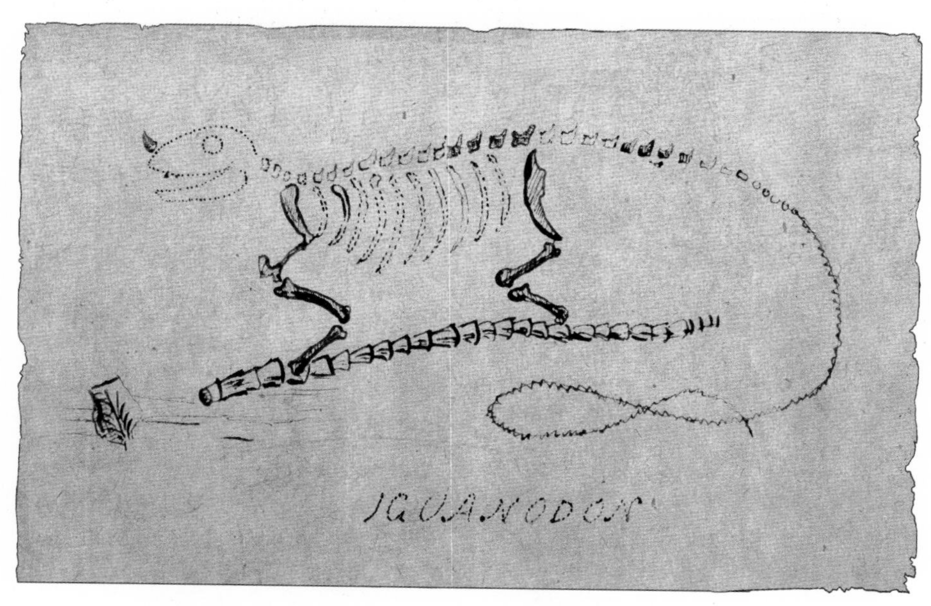

맨텔은 자신이 발견한 화석을 토대로 가설을 세우고, 과거에 살았던 거대한 초식 파충류 '이구아노돈'을 상상하여 그림을 그렸다.

"맨텔은 사람들의 반응을 보고 억울해했지. 이 거대한 파충류의 뼈가 몇 개 더 발견되면 자신이 세운 가설을 증명할 수 있을 거라고 생각했어. 그래서 뼈를 찾고 또 찾았지. 그러던 어느 날 옥스퍼드 대학교수인 윌리엄 버클랜드가 맨텔을 찾아왔어. 버클랜드는 식사할 때 꼭 야생 동물의 고기

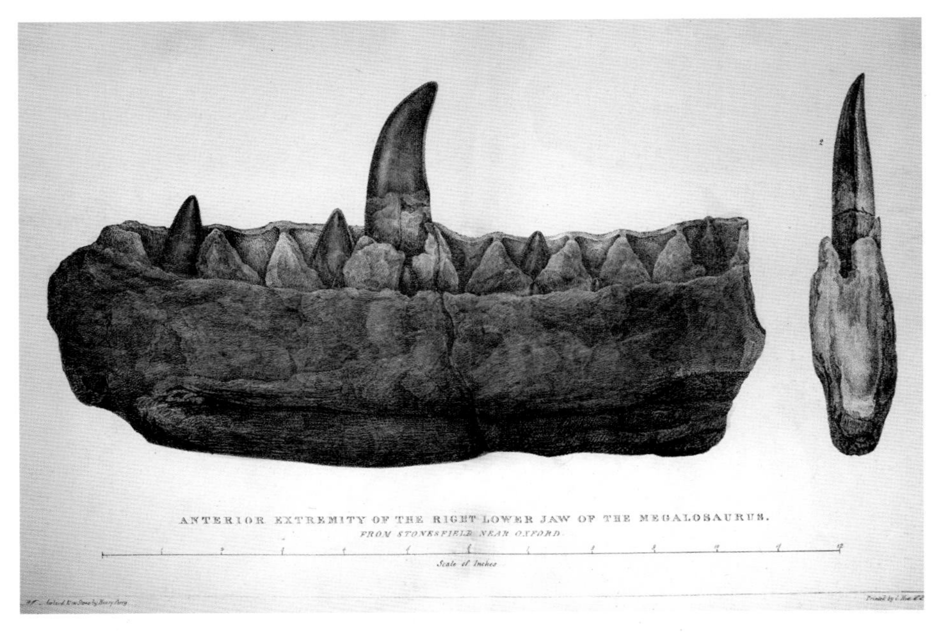

ANTERIOR EXTREMITY OF THE RIGHT LOWER JAW OF THE MEGALOSAURUS.
FROM STONESFIELD NEAR OXFORD.
Scale of Inches

버클랜드가 발견한 화석이다. 버클랜드는 이 화석의 정체를 밝히기 위해
연구했고, 1824년 이 화석에 '메갈로사우루스'라는 이름을 붙여 발표했다.

를 먹는 사람이었어. 한마디로 아주 **괴팍하고 특이한** 사람이었지."

"그 사람이 맨텔을 찾아온 이유가 뭐예요?"

나는 눈을 반짝이며 물었다.

"버클랜드는 자신이 가지고 있는 뼈와 맨텔이 주운 돌에 있는 모양이 같은 동물의 것일지도 모른다고 말했어. 맨텔은 당장 그 뼈를 보여 달라고 부탁했지."

"그래서요?"

"버클랜드는 맨텔을 자기 집으로 초대했어. 그리고 자기 집 정원에서 주운 커다란 이빨과 턱뼈를 보여 주었지. 버클랜드가 보여 준 이빨은 도마뱀 이빨과 비슷했지만 매우 **뾰족하고** 톱날처럼 **날카로웠어.**"

"그 이빨과 턱뼈의 정체는 무엇이었어요?"

"버틀랜드는 그 이빨과 턱뼈가 아주 오래전에 살았던 동물의 화석일 거라고 말했어."

"화석이라고요?"

"그래, 화석!"

나는 고개를 갸우뚱하며 물었다.

"화석이 뭔데요?"

"화석은 생물이 죽은 뒤에 그 생물의 일부나 전체, 또는 그 흔적이 땅속에 남아 있는 것을 말해."

맨텔, 이것은 아주 오래전에 살았던 동물의 화석일 겁니다.
버클랜드, 이게 정말 화석일까요?

화석이 만들어지기까지

삼촌은 죽은 생물이 화석이 되려면 엄청나게 긴 시간이 지나야 한다고 했다. 그런데 시간이 많이 지난다고 해서 다 화석이 되는 것은 아니라고 했다.

"그럼 화석은 어떻게 만들어지는 거예요?"

나는 고개를 갸웃하며 삼촌에게 물었다.

"화석이 만들어지려면 우선 생물이 죽은 뒤 바람, 물, 세균에 노출되지 않도록 땅속에 바로 묻혀야 해. 그리고 그 위에 흙이나 모래와 같은 퇴적물이 오랜 시간 동안 쌓여 단단한 지층을 이루어야 하지. 그래야 그 생물이 지층 속에서 단단하게 굳어 화석이 될 수 있거든. 그래서 화석은 퇴적물이 잘 쌓이는 강이나 바다에서 많이 발견된단다."

"화석이 땅속에 묻혀 있다니, 금이랑 비슷한데요?"

내 말에 삼촌은 큰 소리로 껄껄 웃었다.

"금은 단지 보석으로 쓰이는 광물이지만, 화석은 지구의 오랜 역사를 담고 있어서 더 특별해."

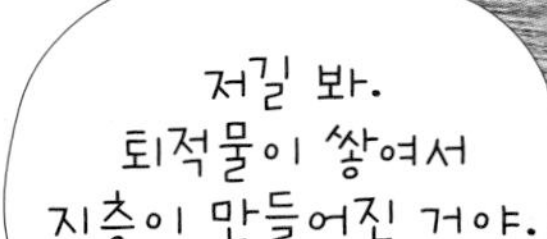
저길 봐.
퇴적물이 쌓여서
지층이 만들어진 거야.

저 지층 속에 화석이
있을 것 같아요!

퇴적물은 주로 바다, 호수, 강의 바닥에서 땅 표면과 나란하게 층을 이루면서 쌓인다. 이렇게 흙, 모래, 돌 등과 같은 퇴적물이 층층이 쌓여 굳어진 층을 '지층'이라고 한다.

아주 먼 옛날에도 화석은 있었지만, 그 당시 사람들은 화석이 죽은 생물이라는 생각은 하지 못했다고 한다. 고대 그리스의 철학자인 아리스토텔레스는 화석을 보고 나서 돌 속에서 무언가 자라고 있다고 생각했다고 한다. 실제로 옛날 사람들은 화석에다가 먹이를 주기도 하고, 물을 주기도 했다는데, 아마 그들은 화석이 **돌덩어리**라고는 생각하지 못했나 보다.

그러다가 15세기의 유명한 화가이자 학자인 레오나르도 다빈치가 마침내 밝혀냈다고 한다. 다빈치는 **죽은 생물**이 땅속에서 돌처럼 굳은 것이 **화석**이라고 생각했고, 오랜 연구 끝에 그 사실을 밝혀냈단다.

"레오나르도 다빈치는 화가인 줄 알았는데, 별별 것을 다 연구했던 학자이기도 하네요!"

아리스토텔레스
고대 그리스 최고의 철학자이자 논리학자, 시인, 과학자이다. 서양 철학의 기초를 닦고, 삼단 논법의 체계를 완성했다.

레오나르도 다빈치
르네상스 시대의 이탈리아를 대표하는 화가, 조각가, 건축가로 다양한 분야에 천재적인 재능을 가지고 있었다.

조개껍데기 화석
뼈나 조개껍데기처럼 단단한 부분이 있으면
화석이 만들어지기 쉽다.

고사리 화석
식물의 꽃이나 잎처럼 부드러운 부분도
화석이 될 수 있다.

"그래. 다빈치 덕분에 생물의 뼈, 이빨, 발톱처럼 단단한 부분이 돌처럼 굳어서 화석이 만들어졌다는 사실을 알게 되었지."

"와, 다빈치는 정말 대단한 학자였네요."

"하지만 다빈치도 식물의 잎이나 줄기처럼 부드럽고 여린 부분이 화석이 될 수 있다는 것은 몰랐단다. 많은 양의 흙이 갑자기 죽은 생물 위에 덮여 산소가 전혀 닿지 않으면, 생물의 **부드럽고 물렁한** 부분도 화석이 될 수 있거든. 그건 조금 이따 자세히 알려 줄게."

"화석이 만들어지는 건 정말 쉬운 일이 아니네요."

삼촌은 화석이 만들어지려면 생물이 죽은 뒤, 돌처럼 단단해져야만 한다고 말했다. 무엇보다도 중요한 것은 그렇게 만들어진 화석이 묻혀 있는 지층은 지진이나 화산 폭발과 같은 지각 변동이 없어야 오랫동안 보존될 수 있다고 한다.

"그래서 지진이 자주 일어나거나 커다란 지각 변동이 있었던 땅속에는 화석이 많지 않아."

지층은 어떻게 만들어질까?

지층은 진흙, 모래, 자갈이 운반되어 층층이 쌓여 굳으면서 만들어진다.
지층이 만들어지는 과정을 알아보고, 직접 지층 모형을 만들어 보자.

지층이 만들어지는 과정

① 진흙, 모래, 자갈 등이 흐르는 물에 의해 강이나 바다로 운반된다.

② 운반된 물질들은 물의 흐름이 느려지면 바닥으로 가라앉아 쌓인다.

③ 먼저 쌓인 층 위에 운반된 진흙, 모래, 자갈 등이 계속 가라앉으면서 쌓인다.

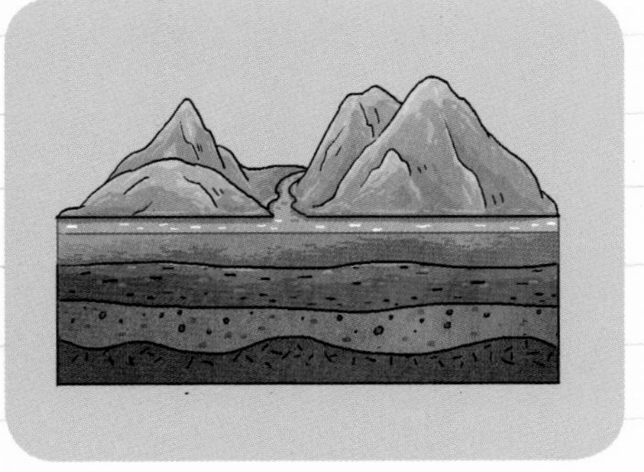

④ 여러 층들이 쌓이면서 단단하게 다져져서 지층이 만들어진다.

지층 모형 만들기

준비물 : 페트병, 색 모래, 물 풀, 칼

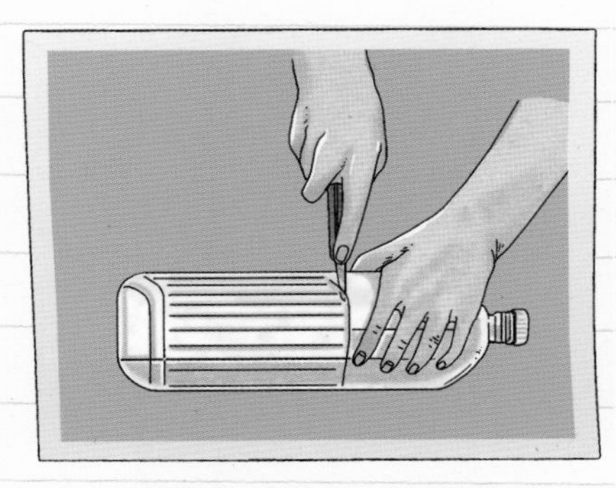

① 페트병을 씻어 말린 뒤 가운데 부분을 자른다.

② 한 가지 색 모래를 넣고 평평하게 눌러 준다.

③ 지층이 단단해지도록 물 풀을 넣고 스며들 때까지 잠시 기다린다.

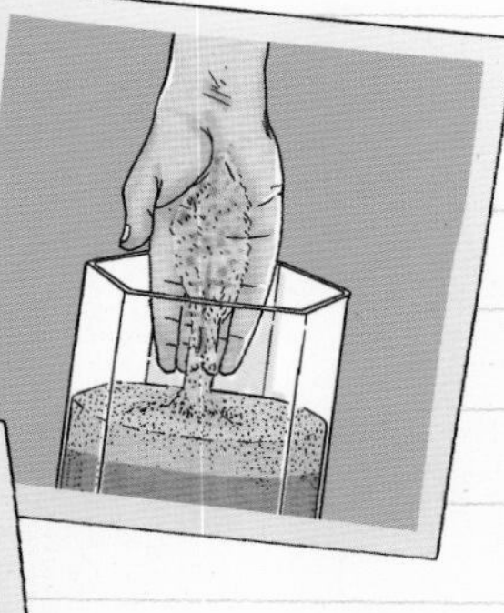

④ ③위에 다른 색 모래를 넣고 평평하게 눌러 준 다음, 다시 물 풀을 넣는다. 같은 방법으로 또 다른 색 모래와 물 풀을 넣는다.

⑤ 층층이 쌓인 색 모래들이 단단하게 굳으면 지층 모형이 완성된다.

다구 삼촌의 연구 수첩

화석은 어떻게 만들어질까?

화석은 죽은 생물의 몸체나 흔적이 굳어져 지층에 남아 있는 것이다.
화석이 만들어지는 과정을 알아보고, 화석 모형을 직접 만들어 보자.

화석이 만들어지는 과정

① 중생대 육지에 살던 공룡이 죽은 뒤, 강물이나 바닷물에 휩쓸려 호수나 바다로 옮겨진다.

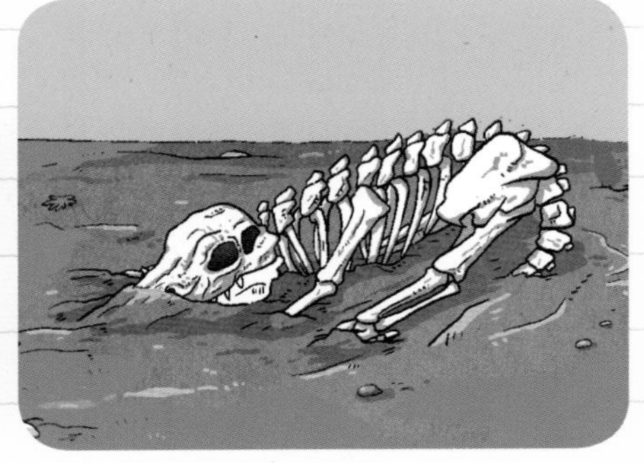

② 공룡의 사체가 호수나 바다 밑에 가라앉는다. 퇴적물이 쌓이면서 살은 썩어 없어지고 뼈만 남는다.

③ 물속에서 퇴적물이 계속 쌓이면서 지층이 되고, 뼈는 지층 속에서 굳어 화석이 된다.

④ 땅이 움직이면서 물 밑에 있던 지층이 솟아오른다. 지층이 바람과 비에 계속 깎여서 화석이 드러난다.

화석 모형 만들기

준비물 : 찰흙, 조개껍데기

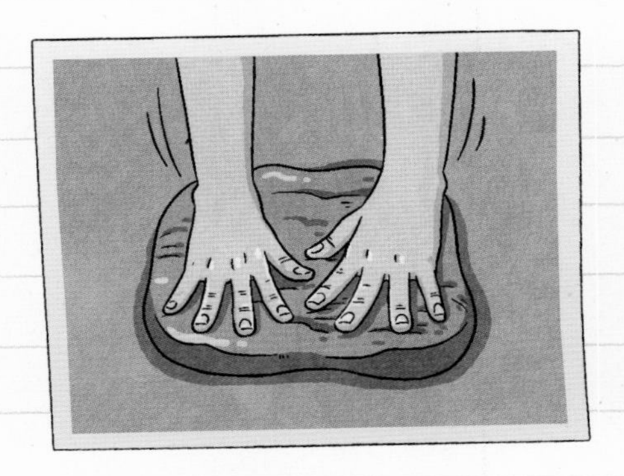

① 찰흙을 평평하게 만든다.

② 조개껍데기를 찰흙에 놓고 꾹 누른다.

화석 모형이
잘 만들어질까?

③ 찰흙에서 조개껍데기를 떼어 낸다.

④ 1~2일 지나면 찰흙이 딱딱하게 굳어져서 화석 모형이 완성된다.

삼촌의 상자 속 화석

삼촌은 놀라운 보물을 하나 보여 주겠다며 상자 하나를 꺼냈다. 그 속에는 나뭇잎 모양이 그대로 남은 화석이 들어 있었다.

우리나라 포항에서 발견된 나뭇잎 화석이다. 포항에 쌓인 지층은 신생대에 만들어진 것이므로 이 나뭇잎들은 모두 신생대에 살았던 나뭇잎이라고 추측할 수 있다.

"잎맥까지 **생생하게** 보존되어 있네요!"

"신기하지?"

"어떻게 이런 화석이 만들어진 걸까요?"

"그건 생물이 땅속에서 특별한 작용을 받았기 때문이야."

"특별한 작용이요?"

"그래, 생물이 땅속에 묻혀 있을 때 오랫동안 압력과 열을 받으면서 변화해서 생물을 이루는 성분의 대부분이 탄소가 되는 작용이야. 이때 탄소 성분이 필름처럼 얇고 검게 그을린 흔적을 남기는 거지. 이런 작용을 받으면 생물의 살이나 나뭇잎처럼 부드러운 부분도 화석으로 남게 된단다."

"와, 땅속에서도 **복잡한** 일들이 일어나고 있네요!"

"그렇지, 땅속에서 일어나는 변화들 덕분에 우리가 지금 화석을 만날 수 있는 것이기도 하고. 그런데 이런 화석은 말 그대로 흔적일 뿐이야. 그 생물 자체가 화석이 된 것은 아니지. 하지만 원래의 모습을 그대로 유지하고 있는 화석도 있어."

"어떻게 그럴 수 있어요?"

"그건 생물이 썩지 않고 보존될 수 있는 환경에서만 가능한 일이란다."

"어떤 환경이 그런데요?"

"음, 예를 들어 온도가 매우 낮아서 죽은 생물의 살이나 덩어리가 썩기도 전에 얼어 버리는 거야. 또 산소가 전혀 없는 진공 상태거나 세균이 살 수 없는 환경일 때도 이런 화석이 만들어져."

"그런 환경이 실제로 가능한가요?"

삼촌은 고개를 끄덕이며 말했다.

화석이 원래 모습을 유지한 채로 발견되는 건 아주 드문 일이란다.
이 조개 화석도 형태가 그대로 남아 있는 것 같아요!
조개 화석

1977년 시베리아에서 발견된 매머드 화석은 털까지 생생하게 남아 있어
매머드 모습을 정확히 알려 주었다.

"그럼. 시베리아 툰드라 지역에서 발견된 **매머드 화석**은 원래 형태 그대로 발견되었어. 매머드는 약 200만 년 전에 살았던 코끼리의 일종이야. 이 매머드 화석 입속에는 미처 삼키지 못한 식물의 잎들이 남아 있었단다. 얼어붙은 땅속에 묻혀 있었기 때문에 썩지 않고 보존되었던 거지."

"그렇게 오래전에 살았던 동물을 **생생하게** 볼 수 있다니 신기해요."

"그게 바로 화석의 매력이란다. 삼촌이 화석만 보면 왜 좋아하는지 이제 좀 알겠니?"

삼촌은 나를 보고 빙그레 웃더니 다시 화석 이야기를 해 주었다.

"곤충이 호박 속에 갇혀 원래 모습 그대로 화석이 된 경우도 있단다."

“호박이요? 호박은 먹는 거잖아요.”

“허허, 그래. 먹는 호박도 있지. 하지만 내가 말한 호박은 지질 시대 나무의 송진 등이 땅속에 묻혀서 만들어진 누런색 광물이란다.”

삼촌은 곤충이 송진 속에 갇혀 함께 굳어서 **호박 속 화석**이 된 것이라고 했다. 호박 속에 갇혔기 때문에 썩지 않고 원래 모습을 그대로 유지하고 있었던 것이다.

지질 시대에 살았던 곤충이 호박 속에 갇혀서 더듬이와 날개까지 그대로 화석이 되었다.

“독일에서 개구리 화석을 본 적이 있어. 개구리 피부와 혈관까지 그대로 보존되어 있었지.”

“오, 언젠가 저도 꼭 그 개구리 화석을 보러 갈래요! 그런데 삼촌, 생물이 땅에 묻힌 지 얼마나 오랜 시간이 지나야 화석이 될 수 있나요?”

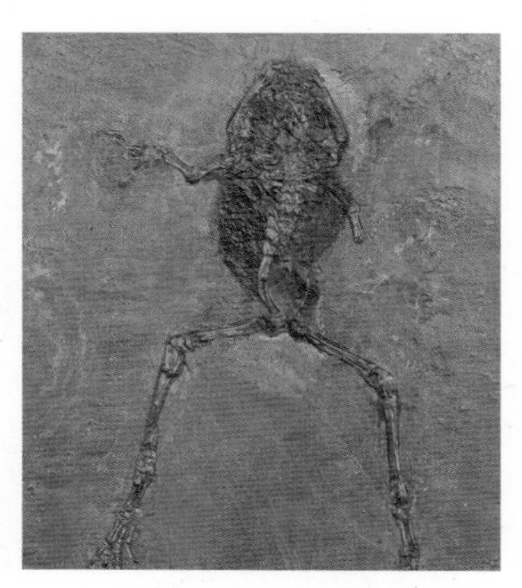

독일의 메셀 화석 유적지에서 발견한 개구리 화석은 원래 모습이 그대로 보존되어 있다.

내 물음에 삼촌은 **뜸을 들였다.**

“그게 말이지……. 그건 아직 연구 중이야.”

내 물음에 대한 답은 아직 누구도 정확하게 알 수 없다고 했다. 그 이유는 생물이 묻힌 땅의 성질에 따라서 화석이 되는 데 걸리는 시간이 다르기 때문이라고 한다.

화석의 종류도 가지가지!

"많은 사람들이 땅속에 묻힌 화석을 왜 계속 연구하는 거예요? 조금 신기할 뿐인데."

"화석은 수억 년, 수만 년 전 지구에 살았던 생물들이 남긴 흔적이잖아."

"그게 그렇게 중요해요?"

"그럼! 우리가 수억 년 전 지구를 알려면 어떻게 해야겠어?"

"타임머신을 만들어야죠."

"현재 기술로는 불가능하잖니."

"하긴, 영화에서나 가능한 얘기죠."

"그래서 사람들은 화석을 연구해. 수억 년 전 지구에 어떤 생물이 살았는지, 그때 지구의 환경은 어땠는지 알아낼 수 있기 때문이지."

"어떻게요?"

체화석은 죽은 생물의 몸 일부나 전체가 남아 화석이 된 것이다.

흔적 화석은 발자국이나 기어 다닌 흔적처럼 죽은 생물의 흔적이 남아 화석이 된 것이다.

나는 눈을 휘둥그레 떴다.

"화석엔 종류가 많아. 그 다양한 종류의 화석들을 연구하면 지구의 과거를 하나하나 알 수 있지."

삼촌은 화석의 종류에 대해 설명하기 시작했다.

"생물의 몸 전체나 일부가 그대로 보존된 것을 '체화석'이라고 해. 거대한 공룡 뼈, 커다란 공룡 알, 그 밖의 죽은 생물이 땅속에서 오랜 시간 굳어서 그대로 보존된 것들이 바로 체화석에 속해."

하지만 생물만 화석이 되는 것은 아니라고 한다. 생물의 발자국도 화석이 될 수 있고, 심지어 배설물도 화석이 될 수 있다는 것이다. 이처럼 생물이 살았던 흔적이 화석이 된 것을 '흔적 화석'이라고 하는데, 흔적 화석은 과거에 살았던 생물의 활동이나 그 환경을 짐작하는 데 활용된다고 한다.

"눈으로 직접 확인할 수는 없고 전자 현미경으로만 관찰할 수 있는 매우 작은 화석도 있어. 그런 화석을 '초미 화석'이라고 해. 그런데 초미 화석은 부서지기 쉬워서 있는 그대로 보존하고, 연구하기가 매우 힘들단다."

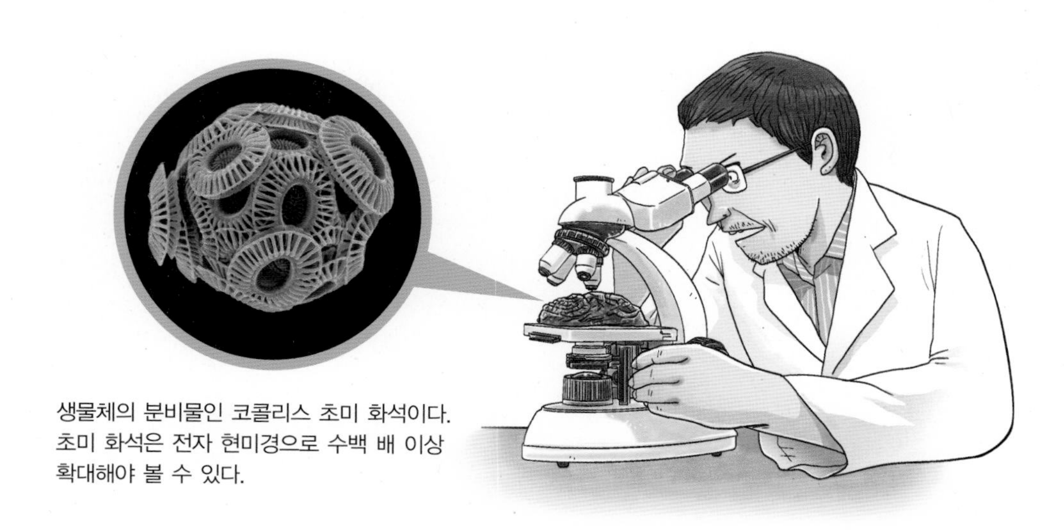

생물체의 분비물인 코콜리스 초미 화석이다. 초미 화석은 전자 현미경으로 수백 배 이상 확대해야 볼 수 있다.

화석으로 알게 된 지구의 역사

"삼촌, 지구에 처음부터 생명체가 살았어요?"

신화에서 신이 지구를 만들고, 땅과 바다를 만들고, 그다음 생명을 만들었다고 읽은 적이 있다. 나는 그 이야기를 떠올리며 물었다. 그러자 삼촌은 고개를 가로저으며 말했다.

"아주 먼 옛날 지구에는 생명체가 없었어. 지구의 대기 속에는 오로지 메탄, 암모니아, 수증기, 이산화탄소 같은 기체들만 가득했지."

"그럼 생명체는 어떻게 만들어진 거예요?"

"정확하진 않지만 학자들은 이 여러 가지 기체들이 화학 반응으로 합쳐져서 **생명을 가진 새로운 물질**이 되었다고 생각해."

"화학 반응이요? 그게 정말 가능해요?"

밀러의 원시 대기 실험
메탄, 암모니아, 수소 등 원시 대기의 구성 물질에 전기 충격을 주었더니 아미노산이 만들어졌다.

"1953년 미국의 생물학자 스탠리 밀러는 원시 시대의 대기 성분으로 추측되는 메탄, 암모니아, 수증기, 수소 등을 밀폐 용기에 넣고 일주일 동안 강한 **전기 충격**을 주었지. 그랬더니 아미노산이 만들어졌단다."

"아미노산이 뭔데요?"

"그건 생물체의 조직을 만드는 단백질의 한 요소야. 과학자들은 아미노산 덕분에 최초의 생명체가 나타났을 거라고 생각해."

"우아, 그 생명체가 오랜 시간을 지나면서 진화했다는 거죠?"

"그래, 그게 과학자들의 생각이지. 화석을 통해 다 알아낸 거야."

"최초의 생명체는 어디에서 만들어졌어요? 땅? 아니면 바다?"

"최초의 생명체는 깊은 바닷속에서 만들어졌을 거야."

스트로마톨라이트
선캄브리아대 지층에서 나오는 밝고 어두운 얇은 층 모양의 침전물이다. 여기에는 선캄브리아대에 살았던 박테리아의 흔적이 담겨 있기도 한다.

"어째서요?"

"먼 옛날 지구의 햇빛은 아주 강렬했을 거야. 새로운 생명체는 그 빛을 견디지 못했을 거고, 햇빛이 잘 닿지 않는 깊은 바닷속에서 에너지를 얻으며 점점 형체를 만들어 가지 않았을까 하는 게 과학자들의 생각이야."

"그 생명체가 어떻게 지금 같은 모습을 갖게 되었을까요?"

"아주 길고 긴 시간이 필요했겠지. 과학자들은 지구가 처음 탄생한 약 46억 년 전부터 5억 4200만 년 전까지를 '선캄브리아대'라고 해. 이때 최초의 생명체인 '박테리아'가 만들어졌을 거라고 추측하지."

"박테리아요? 그게 지구 **최초의 생명체**였다고요?"

"생명체라고 해서 지금 같은 모습을 떠올리면 안 돼. 그저 암모니아, 메탄, 수증기 등 원시 대기 물질이 강한 전기 에너지와 만나서 단순한 생명을 갖게 된 것이니까."

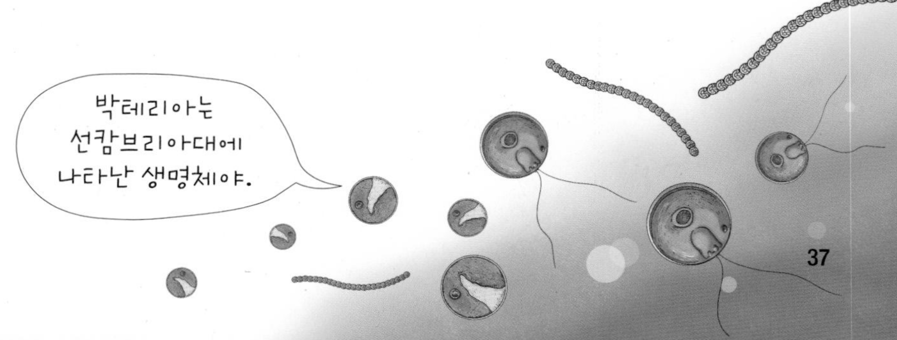

박테리아는
선캄브리아대에
나타난 생명체야.

삼촌은 이 물질들이 바닷속에서 오랜 세월 동안 진화하여 지금 우리가 아는 생명체가 된 것이라고 했다.

"과학자들은 약 5억 4200만 년 전부터 약 2억 5100만 년 전까지의 시대를 '고생대'라고 한단다. 이때부터 지구에 **다양한 생물**들이 생겨났다고 추측하지."

"**와!** 이제야 다양한 생물이 나타났네요."

"고생대에는 워낙 많은 생물들이 생겨났어. 그래서 대부분 고생대를 캄브리아기, 오르도비스기, 실루리아기, 데본기, 석탄기, 페름기로 나눠 구분한단다."

고생대 초기만 하더라도 지구는 춥고 쌀쌀한 곳이었지만 점점 따뜻해졌고, 덕분에 수많은 생물들이 살아갈 수 있는 환경이 만들어졌다고 한다.

"캄브리아기의 대표적인 생물은 **삼엽충**이야. 최초로 겹눈을 가진 생물이지. 캄브리아기에는 삼엽충이 온 바다를 지배할 만큼 많이 늘어났었단다."

고생대에는 육지보다
바다가 더 넓었어.
그래서 바닷속에 다양한
생물들이 많이 살았지.

나는 겹눈을 가진 삼엽충의 모습을 상상했다.

"혜별아, 그거 아니? 생태계에 많은 변화를 가져온 것은 생물이 눈을 갖게 되면서부터란다."

"눈이 왜요?"

"생물에게 눈이 생기면서 먹잇감과 천적이 서로의 위치를 알 수 있어서 본격적으로 먹고 먹히는 경쟁이 시작되었거든. 이렇게 살아남기 위한 경쟁이 심해지자, 생물들은 저마다 생존을 위한 특징을 갖게 되었단다."

오르도비스기에는 문어, 오징어와 비슷한 두족류, 척추동물의 조상인 턱이 없는 원시 어류가 최초로 출연했다고 한다.

고생대에는 진짜 많은 생물들이 생겨났구나!
나는 고생대 오징어야. 오징어와 비슷하게 생겼지만 단단한 껍데기가 있어.

"삼촌, 생물이 육지에서 살게 된 건 언제부터예요?"

"실루리아기에서 데본기를 거치면서부터지. 바닷속에서만 살던 생물들이 이때부터 땅 위로 올라오게 됐다고 해. 그럼 여기서 퀴즈를 하나 낼게. 가장 먼저 땅 위에서 살게 된 생물은 식물일까, 동물일까?"

"동물!"

"아니야, 식물이 먼저 땅 위에서 살게 된 뒤, 그다음으로 전갈 같은 절지동물이 올라왔대. 그리고 바다에 살던 생명체들에게도 많은 변화가 생겼어. 데본기에 바다에 살던 어류에겐 먹이가 충분했기 때문에 몸집이 커지고, 종류도 다양해질 수 있었지. 그래서 이 시기를 **어류의 시대**라고 부르기도 한단다."

어떤 어류들은 지느러미가 발달해서 바다와 땅을 오가며 살 수 있는 양서류로 발달했다고 한다. 나는 땅과 바다에 북적거리는 양서류, 어류들을 상상해 보았다. 지구가 점점 지구다워진다는 생각에 빙그레 웃음이 났다.

"그런데 데본기 말, 지구에 끔찍한 재앙이 일어났어."

"재앙이라니요?"

"그게 정확히 뭔지는 몰라. 어떤 학자는 우주에서 거대한 운석이 날아와 충돌했을 거라고 하고, 또 어떤 학자는 북극의 빙하가 녹아서 지구에 큰

에구, 바다는 지겨워.
나도 땅에서 살고 싶어!

홍수가 났을 거라고 해."

"그럼 땅이랑 바다에 살던 생물들은요?"

"**모두 사라지고 말았지.** 데본기에 죽은 식물이 땅속에 묻혀서 석탄, 석유가 된 거야."

"아! 우리가 쓰는 석탄이랑 석유를 말하는 거죠?"

"그래, 이후 석탄기가 되자 지구에 새로운 생명체가 나타났어."

"그게 뭔데요?"

"껍데기가 두 겹인 알을 낳는 동물이지. **바로 파충류야.**"

껍데기가 한 겹인 알은 땅에서 바로 말라비틀어져서 살아남지 못하는 경우가 많았어. 하지만 껍데기가 두 겹인 알은 땅에서도 살아남을 수 있었어. 덕분에 껍데기가 두 겹인 알을 낳는 동물은 물속에서뿐만 아니라 땅 위에서도 생활할 수 있게 됐지."

"와, 고생대에는 정말 다양한 생물이 생겨났네요!"

"또 곤충이 나타났고 거대한 소나무 숲이 우거졌지. 그사이 캄브리아기에 번성했던 삼엽충 같은 생명체는 자연스럽게 사라지고 새로운 종류의 생물들이 지구를 차지하게 됐어."

나는 땅에서도 살고,
바다에서도 살 수 있지!

"그런데 페름기 말, 또 한번 많은 생물이 멸종되었어. 역시 원인은 정확하게 알 수 없지만, 당시 지구에 살던 동물과 식물의 80% 이상이 죽었단다."

"또요?"

"너무 안타까워하지는 마. 그 속에서도 살아남은 생물들은 진화했으니까. 이렇게 시작된 '중생대'는 공룡으로 바글거리는 파충류 시대였어. 초창기 공룡들은 덩치가 작은 육식 공룡이었지. 하지만 시간이 지날수록 공룡들은 점점 더 커지고 강해졌어."

"드디어 공룡이 지구에 나타났네요."

"그렇지. 지구는 온통 공룡들로 북적거리게 된 거야. 중생대는 트라이아스기, 쥐라기, 백악기로 나뉜단다. 쥐라기 무렵에는 몸길이 20m가 넘는 디플로도쿠스나 브라키오사우루스 같은 거대한 초식 공룡들과 알로사우루스처럼 무서운 육식 공룡들이 등장했지. 또 하늘에는 시조새가 날아다니고, 바다에는 거대한 어룡이 헤엄쳐 다녔어."

시간이 흘러 백악기가 되자, 공룡뿐만 아니라 꽃을 피우는 속씨식물이

바다에서는 어룡이 최고지!
카악! 중생대는 우리 공룡들의 시대다!

퍼지게 되었단다.

"하지만 백악기 말, 수많은 공룡과 생물들이 갑자기 멸종했어."

"왜 자꾸 생물들이 갑작스럽게 멸종하는 거죠?"

"글쎄, 어떤 과학자는 지구에서 지금까지 500억 종 이상의 생물이 태어났다가 멸종했다고 주장해. 지구에는 다섯 번 이상의 아주 큰 멸종 위기가 찾아왔고, 현재 우리가 사는 세상에 살아남은 생물은 과거에 살았던 생물 종의 0.1%에 해당하는 5천만 종 정도라는 거야."

지금 우리 주변에 있는 꽃, 나무, 동물들이 수억만 년 전부터 살아온 것들이라니! 어쩐지 이 세상의 모든 생물이 귀하고, 아름답게 느껴졌다.

한눈에 보는 지구의 역사

지구의 역사는 고생대, 중생대, 신생대로 나눌 수 있다.
시대별 특징과 살았던 생물들을 알아볼까?

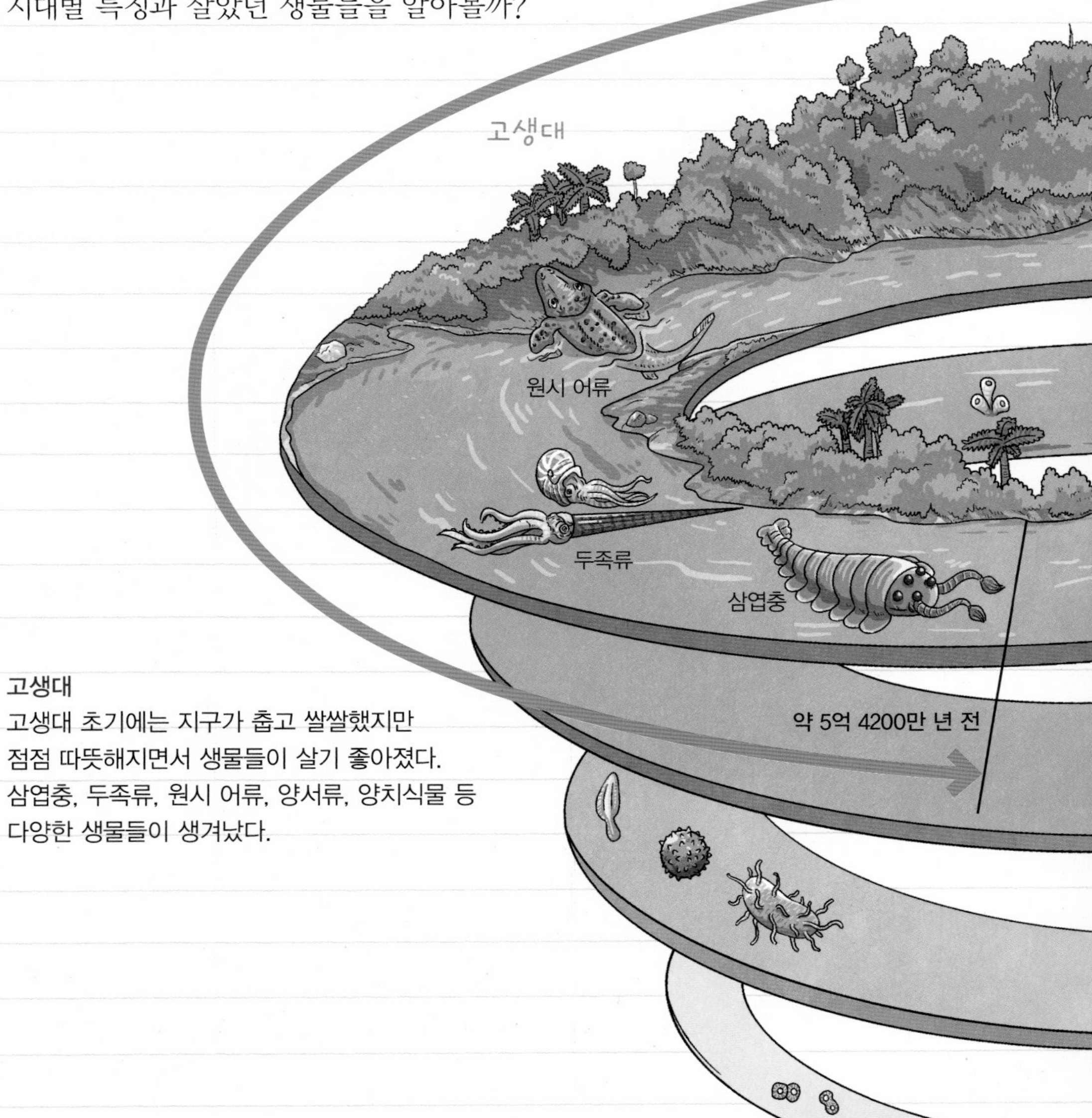

고생대
고생대 초기에는 지구가 춥고 쌀쌀했지만
점점 따뜻해지면서 생물들이 살기 좋아졌다.
삼엽충, 두족류, 원시 어류, 양서류, 양치식물 등
다양한 생물들이 생겨났다.

중생대
육지에는 파충류인 공룡과 겉씨식물이
번성했고, 바다에는 암모나이트가
번성했다.

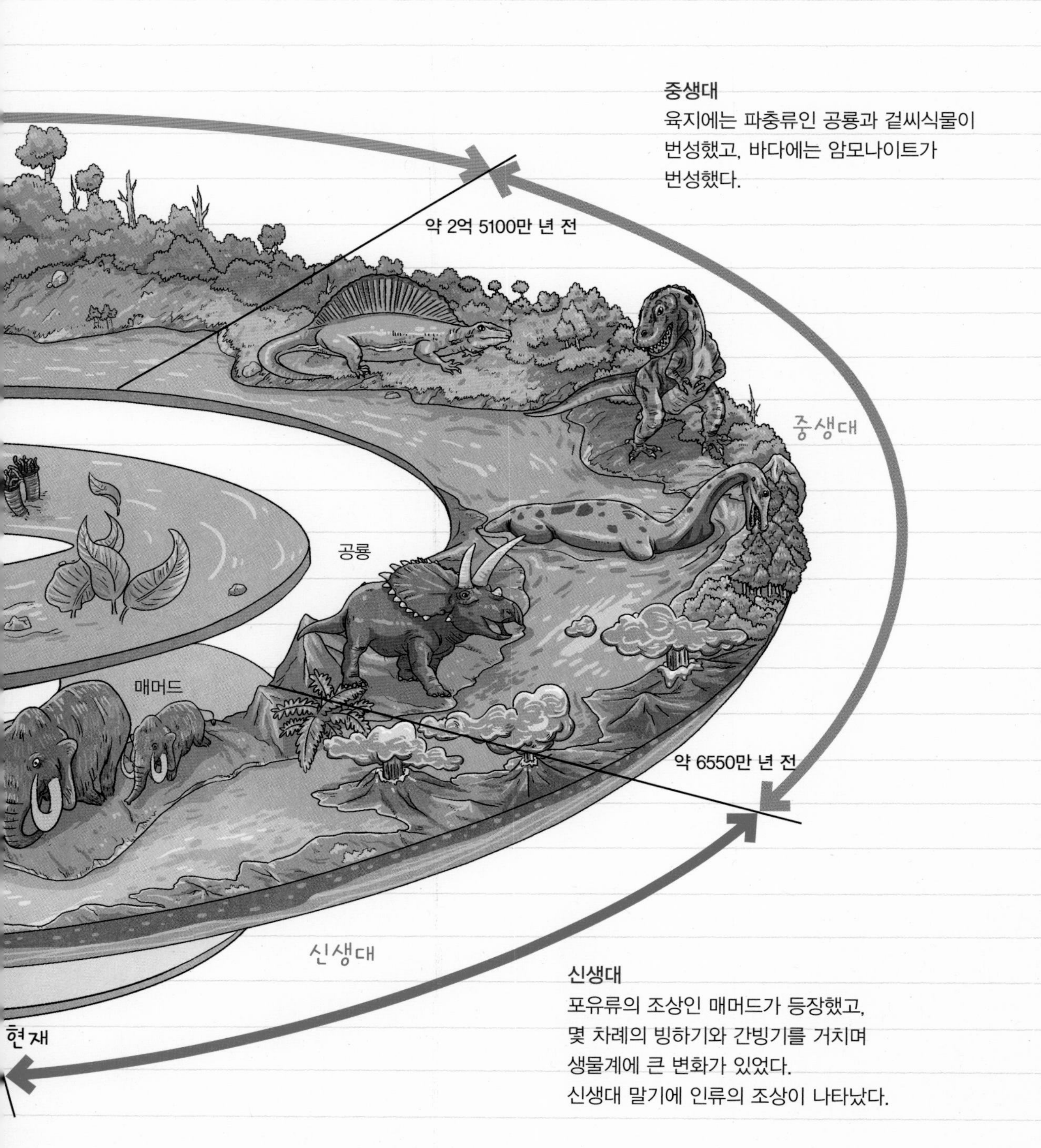

신생대
포유류의 조상인 매머드가 등장했고,
몇 차례의 빙하기와 간빙기를 거치며
생물계에 큰 변화가 있었다.
신생대 말기에 인류의 조상이 나타났다.

공룡은 어떻게 살았을까?

나는 얼마 전에 보았던 애니메이션을 떠올렸다. 공룡이 낯선 곳에서 커다란 알을 깨고 나와 엄마를 찾아가는 이야기였다. 엄마를 찾아 나선 아기 공룡은 마을을 쑥대밭으로 만든 육식 공룡 티라노사우루스 때문에 번번히 위험에 처했다.

"삼촌, 공룡도 가족끼리 모여 살았어요?"

"글쎄, 그것까진 모르겠구나. 하지만 대부분의 학자들은 초식 공룡들이 무리를 지어 살았다고 생각한단다. 육식 공룡은 무리를 지어 살기보다는 따로 살았다더구나. 먹이를 많이 차지하려면 여럿이 다니는 거보단 혼자 따로 다니는 게 편했을 거야."

"육식 공룡이랑 초식 공룡이 **정말 서로 싸우고** 그랬을까요?"

"아마 그러지 않았을까."

오늘날의 과학자들이 밝혀낸 사실은 풀을 먹는 초식 공룡과 다른 공룡을 잡아먹는 육식 공룡이 서로 경쟁하며 살았다는 것이란다.

"초식 공룡이 어떻게 육식 공룡이랑 싸웠을까요? 무기도 없고 싸울 힘도 없었을 텐데."

와, 초식 공룡은 몸집이 크구나! 그래도 육식 공룡 이빨이 더 무서워!
헉, 무서운 육식 공룡이다! 도망가자!

"초식 공룡은 이빨과 발톱이 날카롭지는 않았지만 대신 단단한 뿔이나 갑옷처럼 딱딱한 피부가 있었어."

"코뿔소 같은 뿔 말인가요?"

"그래, 육식 공룡의 공격을 피하려면 그런 무기라도 필요했겠지. 육식 공룡은 사냥 기술도 아주 뛰어나고, 무척 빨랐거든."

나는 영화에서 본 육식 공룡을 떠올렸다. 티라노사우루스는 인정사정없이 초식 공룡을 잡아먹곤 했다. 티라노사우루스가 입을 쩍 벌려서 날카롭고 무시무시한 이빨을 드러내면 등골이 오싹했었다.

삼촌은 수첩을 보며 여러 공룡의 특징에 대해 더 자세히 얘기해 주었다.

초식 공룡

초식 공룡은 풀을 먹고 살았고 덩치가 아주 컸다.

초식 공룡에 대해 더 알아볼까?

안킬로사우루스

등에 단단한 갑옷과 삐죽한 가시들이 있다.
꼬리 끝에 방망이처럼 생긴 큰 뼈가 있었다.
육식 공룡이 공격하면 몸을 웅크리거나
땅에 납작 엎드려 있다가 꼬리를 휘둘렀다.

스테고사우루스

등에는 얇은 골판이 두 줄 나 있었고,
이것으로 몸의 온도를 조절했다. 싸울 때는
날카로운 가시가 있는 꼬리를 휘둘렀다.

브라키오사우루스

20m 가량의 커다란 몸집에 머리는
매우 작고 목과 꼬리가 아주 길었다.
머리 꼭대기에 콧구멍이 있었다.
기다란 목을 마음대로 움직이며
높은 나무의 잎을 따 먹었다.

프로토케라톱스
얼굴 위에 튀어나온 돌기가 있고,
코 앞쪽과 턱 부분이 앵무새 부리처럼
구부러져 날카롭게 생겼다.
턱이 튼튼해 식물의 잎뿐만 아니라
줄기도 먹었다.

파키케팔로사우루스
머리뼈가 단단하고 두꺼우며 머리 둘레에
혹이 있다. 짝을 차지하려고 싸울 때나
적이 나타났을 때 단단한 머리를 세게
부딪치며 물리쳤다.

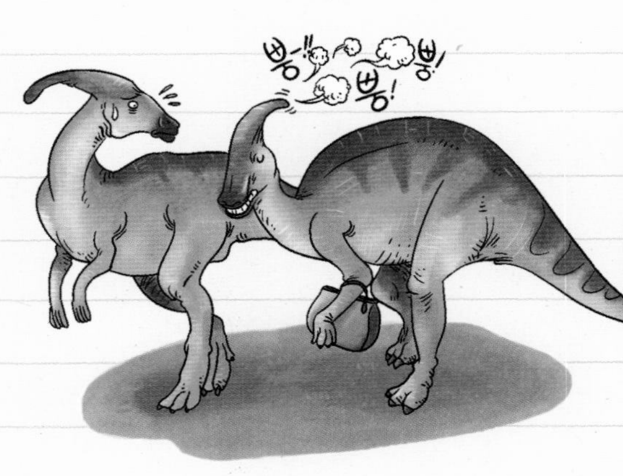

파라사우롤로푸스
머리에 속이 빈 기다란 볏이 있었다.
이 볏을 울려서 크고 낮은 소리를 내며
다른 공룡들과 이야기를 나누었다.

트리케라톱스
머리 길이가 약 2m이고 몸길이가
약 9m인 거대한 몸집의 공룡이었다.
코 위에 짧은 뿔이, 이마에 큰 뿔이 있었다.
사이좋게 무리 지어 살면서 나뭇잎이나
열매 등을 먹었다.

육식 공룡

육식 공룡은 다른 동물들을 잡아먹었고, 이빨이 매우 날카로웠다.

육식 공룡에 대해 더 알아볼까?

실로피시스
뼈 속이 비어 있어서 몸이 아주 가벼웠다.
가느다란 몸과 튼튼한 뒷다리로 빨리 달릴 수 있었다.
앞발에는 날카롭고 뾰족한 발톱이 있어서
사냥할 때 작은 동물을 확 낚아채서 잡아먹었다.

알로사우루스
머리와 입이 크고 입속에는 30여 개의
날카로운 이빨이 있었다.
자기보다 큰 초식 공룡뿐만 아니라
다른 육식 공룡도 잡아먹었다.

티라노사우루스
'폭군 도마뱀'이라는 뜻으로, 지구에 살았던
육식 공룡 중 가장 사나웠다. 뒷다리가
엄청나게 크고 튼튼해서 뛸 때는 시속 50km
이상의 속도를 낼 수 있었다.

스타우리코사우루스

몸집은 작지만 성질이 무척 난폭했다.
몸의 균형을 잡아 주는 긴 꼬리 덕분에
아주 빨리 달릴 수 있고, 행동도 빨랐다.

딜로포사우루스

머리에 두 개의 커다란 볏이 있었다.
이 볏으로 다른 공룡에게 관심을 끌거나
겁을 주었다. 빠르게 달리면서 날카로운
이빨로 작은 동물들을 잡아먹었다.

케라토사우루스

'뿔이 있는 도마뱀'이라는 뜻으로, 콧등과
이마에 뿔이 있다. 강한 턱, 날카로운 이빨,
짧은 앞다리, 튼튼한 뒷다리로 자기보다
몸집이 큰 공룡도 잡아먹었다.

스피노사우루스

'가시 도마뱀'이라는 뜻으로, 등에
부챗살 같은 것이 있다. 몸이 날렵하고
뒷다리가 튼튼해서 사냥할 때 매우
빠른 속도로 움직였다.

공룡이 사라지다!

"공룡은 1억 년이 넘는 오랜 기간 동안 지구에 살았어. 그런데 그 많던 공룡들이 **갑자기 사라져 버렸단다.**"

"또 무슨 일이 있었어요?"

"음, 어떤 학자들은 공룡이 멸종된 원인을 먹이가 부족해서라고 주장해. 공룡이 한꺼번에 너무 많이 늘어나서 초식 공룡의 먹이가 줄어들었대. 그래서 초식 공룡의 수가 적어지고, 연이어 초식 공룡을 먹고 사는 육식 공룡의 수도 적어졌다는 게 그들의 주장이지. 또 외계인이 공룡을 멸종시켰을 거라고 주장하는 학자도 있어."

"와우, 외계인이라니!"

내가 흥미를 보이자 삼촌은 신이 나서 더 열심히 설명했다.

운석 충돌설
지름이 약 10km인 운석이 지구에 충돌해서 대기에 먼지가 많아지고 태양 빛이 약해져서 식물들이 죽고 공룡이 멸종했다는 가설이다.

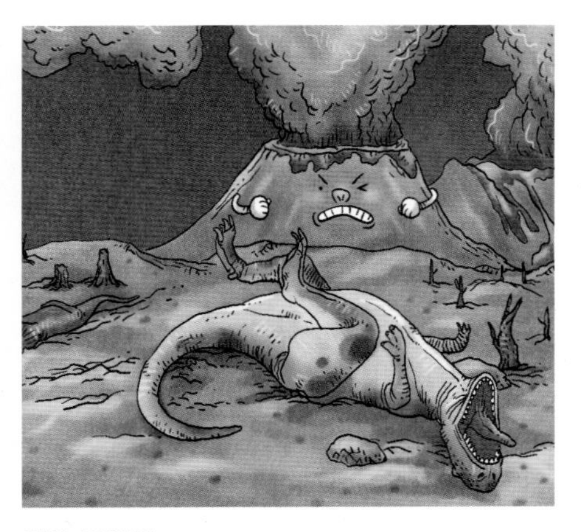

화산 폭발설
화산 폭발로 화산재가 퍼지고 기후가 급격하게 변화했고, 이 변화한 기후에 공룡이 적응하지 못하여 멸종했다는 가설이다.

"보통 공룡이 멸종된 이유를 **4가지**로 보고 있어.

첫 번째는 우주에서 날아온 거대한 운석이 지구와 충돌했다는 거야. 운석이 떨어져 폭발이 일어났고, 그 때문에 공룡들이 멸종했다는 주장이지. 두 번째는 화산 폭발설이야. 지구의 거대한 화산 활동 때문에 공룡이 죽었다는 거지."

"나머지 두 개는 뭐예요?"

"세 번째는 공룡이 암에 걸려 멸종됐을 거라는 가설이야."

"공룡이 암에 걸려 죽는다는 건 **상상도 못 한 일**이에요."

"하하, 그렇지. 네 번째는 지구와 소행성이 충돌해서 공룡이 멸종했다는 거야. 대부분의 과학자들은 네 번째 가설을 믿고 있단다. 물론 우리가 타임머신을 타고 그 시대로 돌아가지 않는 한, 그 원인이 무엇인지 정확하게 말할 수는 없겠지만 말이야."

암 사망설

우주에서 커다란 별이 폭발할 때 나온 물질 때문에 공룡이 암에 걸렸고, 그로 인해 공룡이 멸종했다는 가설이다.

소행성 충돌설

소행성이 지구에 수차례 충돌하여 지구의 지각이 녹고, 대규모의 변화가 일어나 공룡이 멸종했다는 가설이다.

공룡이 멸종한 뒤 신생대 말기 지구에는 새로운 동물이 나타났는데, 그게 바로 '인류'라고 했다. 생물학적으로 최초 인류가 출현한 시기는 여러 주장이 엇갈린다고 한다. 하지만 두 발로 걷고 도구를 사용한 증거가 뚜렷한 인류가 등장한 이후부터 인류는 **빠르게 진화했고,** 오늘날 인류에 이르렀다는 것이다.

"1924년에 남아프리카에서 인류 화석이 발견되었어. 처음엔 이 화석을 인류로 인정하지 않아서 '아프리카 남쪽의 원숭이'라는 뜻을 가진 '오스트랄로피테쿠스'라고 불렀어. 그런데 이 화석이 된 생물이 두 발로 걸었다는 사실이 밝혀졌어. 또 원숭이와 달리 송곳니가 작고 덜 날카로워서 결국 최초의 인류로 인정하게 되었지."

그 후 손으로 물체를 쥐거나 **간단한 도구**를 사용할 수 있는 인류가 나타났다고 한다. 이 인류를 '호모 하빌리스'라고 하는데, '호모'는 '사람과 가까워졌다.'는 뜻이고, '하빌리스'는 '손재주'라는 뜻이란다. 호모 하빌리스는 오스트랄로피테쿠스에 비해 뇌가 크고, 도구를 이용할 수 있는 능력이

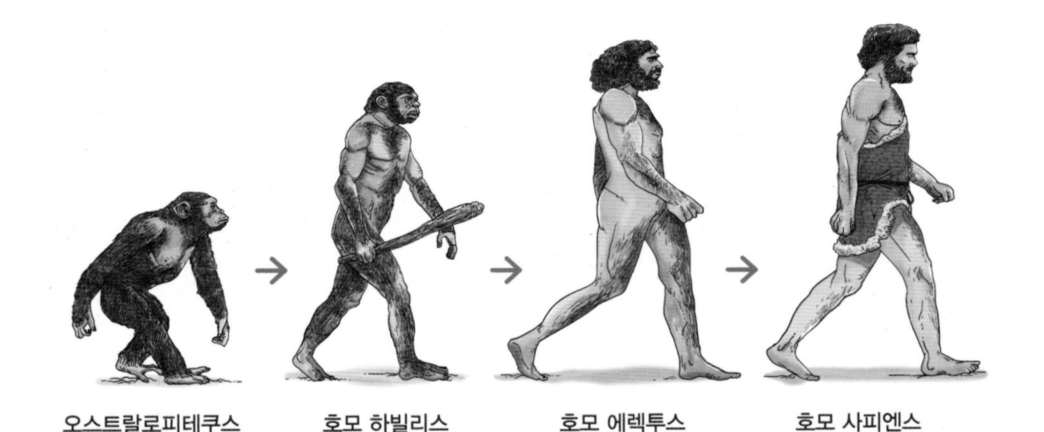

뛰어났다고 한다.

"호모 하빌리스의 뒤를 이어 나타난 것이 '호모 에렉투스'야. '호모 에렉투스'는 '똑바로 선 사람'이라는 뜻으로, 이전까지만 해도 구부정하게 걸었던 인류가 **곧은 자세**로 걷기 시작했지. 아직 논란이 있지만 호모 에렉투스는 불을 능숙하게 사용하고 동굴에 살았던 초기 인류에 속한단다."

이후 새롭게 등장한 인류인 '호모 사피엔스'는 '지혜가 있는 사람'이라는 뜻이라고 한다. 이들은 여러 가지 도구를 만들어 사용했고, 그 전의 초기 인류와는 달리, **언어와 문자** 같은 상징들을 사용했다고 한다. 이런 점들 때문에 호모 사피엔스는 인류의 직접적인 조상으로 여겨진다는 것이다.

하지만 아직도 초기 인류들의 구분과 연구는 진행 중에 있다고 한다.

우리의 조상이니까.
지금 우리 모습이랑 비슷하게 생겼네요!

Q | 화석은 어떻게 만들어질까?

A | 공룡이 죽은 뒤 호수나 바다 밑에 가라앉고, 그 위에 퇴적물이 쌓이면서 살은 썩어 없어지고 뼈만 남는다. 퇴적물이 계속 쌓여 지층이 되고 뼈는 화석이 된다. 땅이 움직이면 물 밑의 지층이 솟아오르고, 지층이 바람과 비에 깎여서 화석이 드러난다.

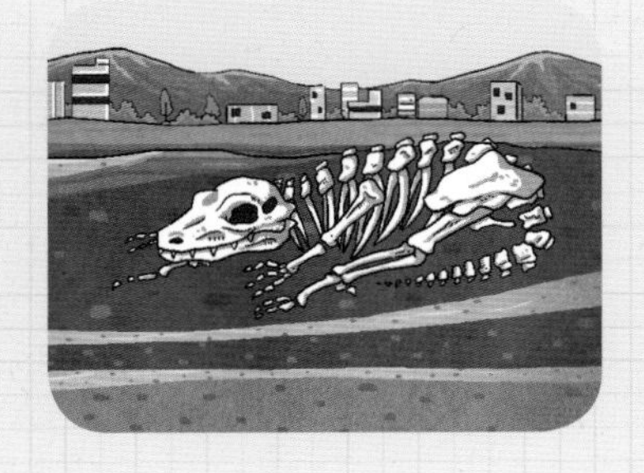

Q | 바다에 살았던 물고기나 조개 화석이 어떻게 산에서 발견되는 것일까?

A | 물고기나 조개 화석이 발견되는 곳은 원래 강, 바다, 호수였을 것이다. 강이나 바다 아래 지층이 오랜 시간이 지나면서 지구 내부의 힘을 받아 땅 위로 솟아올라 산이 되었기 때문에, 산에서 물고기나 조개 화석이 발견되는 것이다. 이처럼 어떤 화석들은 살아 있던 당시의 지구 환경을 알려 주기도 한다. 논우렁의 화석이 발견되면 예전에 그곳이 민물이었다는 것을 알 수 있고, 산호가 있는 지역은 예전에 따뜻하고 얕은 바다였다는 것을 알 수 있다.

Q | 물고기 뼈나 조개껍데기가 화석으로 많이 발견되는 이유가 무엇일까?

A | 물고기나 조개에는 단단한 부분인 뼈와 조개껍데기가 있다. 단단하지 못한 살과 같은 부분은 쉽게 썩어 없어지고, 단단한 물고기 뼈와 조개껍데기는 오랫동안 썩지 않고 지층 속에 남아 암석처럼 된다. 그래서 물고기 뼈나 조개껍데기가 화석으로 많이 남아 있는 것이다.

Q | 공룡의 몸집이 커진 이유는 무엇일까?

A | 공룡이 살았던 당시에 기온이 상승하여 식물이 무성해지자 초식 공룡이 계속 성장하게 되어 몸집이 커졌다. 이렇게 거대해진 초식 공룡을 사냥하기 위해 육식 공룡의 몸집도 커진 것이다. 초식 공룡인 스테고사우루스의 몸길이는 9m 정도였다. 육식 공룡 중 가장 큰 티라노사우루스는 몸길이 14m, 몸높이 5.5m에 이르는 것도 있었다.

스테고사우루스

티라노사우루스

화석으로 복원하자!

2장

삼촌의 텐트

삼촌은 아기를 다루듯 조심조심 흙을 파냈다. 흙벽을 살살 긁어서 부스러기가 쌓이면 그것을 조심스럽게 옮기는 것이었다. 저래 가지고 언제 깊은 땅속에 파묻힌 공룡 뼈 화석을 발견할 건지 답답할 정도였다.

"삼촌, 좀 더 빨리 하면 안 되는 거예요? 흙을 **팍팍** 옮기라고요."

"안 돼, 이건 아주 중요한 작업이란 말이야."

해가 저무는 풍경을 뒤로 하고 삼촌은 힘든 기색도 없이 뼈다귀를 발굴하는 작업에 열중했다.

'흙투성이가 되어 온종일 땅만 보는 일이 뭐가 저리도 좋을까?'

나는 삼촌이 사뭇 궁금했다. 삼촌을 물끄러미 바라보고 있는데 삼촌이 웃으며 내 곁으로 왔다.

"혜별아! 오늘 밤은 삼촌이랑 텐트에서 자야겠구나."

삼촌의 말을 듣자마자 나는 얼굴이 찌푸려졌다.

삼촌은 새로 발굴한 뼈다귀, 그러니까 공룡의 머리뼈 화석으로 추측되는 이것 말고 다른 뼈 화석이 더 있는지 찾아보아야 해서 오늘은 집으로 돌아갈 수가 없다고 했다. 불행인지 다행인지 나는 삼촌이 마련해 둔 텐트에서 오늘 밤을 지내게 됐다.

텐트 안은 퀴퀴한 냄새로 가득할 줄 알았는데 의외로 아늑했다. 온갖 책과 자료, 발굴을 위한 도구로 가득해서 작은 도서관 같았다.

나는 마음이 조금 풀렸다. 갑작스러웠지만 공룡 발굴 캠핑을 온 것 같은 기분이었다.

"텐트에서 자는 건 처음이지? 조금 불편해도 좋은 추억이 될 거야. 밤에는 별들이 하늘을 아름답게 수놓은 모습도 볼 수 있단다."

"삼촌, 사람들은 왜 화석을 찾고, 발굴하는 걸까요?"

"글쎄, 삼촌이 그 대답을 시원하게 해 줄 수 없지만, 이 사람이라면 그 대답을 아주 정확히 해 줄 수 있을 거야."

삼촌은 말을 마치자마자 텐트 안에 흩어져 있는 책들 속에서 무엇인가를 찾았다. 삼촌이 집어 든 책에는 바구니를 든 여자가 서 있었다.

삼촌은 그 여자를 손으로 가리키며 나를 보고 싱긋 웃었다.

"삼촌, 이 바구니를 든 여자는 누구예요? 옛날 사람 같은데……."

"혜별이의 궁금증을 풀어 줄 사람이지. 메리 애닝이란다."

화석 수집가 메리 애닝

"혜별아, 여자 화석 수집가도 있었다는 거 아니?"

"여자가 이런 일을 한다고?"

나는 속으로 **깜짝 놀랐다.** 탐험을 다니거나 화석을 연구하는 사람은 대부분 남자였기 때문이다.

"그 여자의 이름이 메리 애닝이란다."

메리 애닝은 세계 최초의 여자 **화석 수집가**로, 어렸을 때부터 아버지를 따라다니며 화석을 수집했다고 한다. 처음에는 아버지를 돕기 위해 화석을 찾아다녔지만, 아버지가 죽은 뒤에는 생계를 꾸려 나가기 위해 화석을 찾아다녔다고 한다.

"화석을 팔아 돈을 벌던 애닝은 오빠가 주워 온 화석을 보고, 그것이 보통 화석과 다르다고 생각했어. 그래서 애닝은 그 화석의 정체를 밝히기 위해 화석의 나머지 부분들을 찾아다녔어."

약 1년 후 애닝은 온전한 모양의 화석을 모두 모았다고 한다. 그 화석은

화석을 발견하면
가슴이 마구 뛰기 시작해.
내가 발견한 화석이 과거에
살았던 생물의 흔적이라니,
정말 놀라워!

메리 애닝
영국에서 태어나 화석을 수집해서 파는 아버지를 따라
화석을 찾아다녔다. 화석에 대한 공부를 많이 하지는 못했지만
수많은 화석을 발굴해서 화석 연구에 기여했다.

플레시오사우루스 화석
플레시오사우루스는 네 개의 발, 긴 목, 꼬리가 있는 공룡으로 바다에서 살았다.

바로 바다에 살았던 어룡인 '이크티오사우루스'였다.

"애닝은 자신이 발굴한 화석들이 오래전에 살았던 어룡 화석이라는 사실에 매우 기뻐했지. 그 이후 애닝은 돈을 벌기 위해서가 아니라 연구하기 위해 화석을 찾아다니기 시작했단다."

최초로 배설물 화석을 발견한 것도, 하늘을 나는 익룡 화석을 발견한 것도, 바다에 사는 공룡인 플레시오사우루스의 화석을 발견한 것도 바로 애닝이었다.

나는 플레시오사우루스가 헤엄치는 모습을 상상해 보았다.

"수천, 수억 년 전 지구의 모습을 알려 주는 화석을 연구하는 것이 얼마나 흥미로운 일인지 이제 알겠지? 화석을 통해 우리는 지구의 과거 모습과 다양한 생명의 진화 과정을 알 수 있단다."

마치 거대한 퍼즐을 맞추듯이 하나하나 맞추어 나가면 지구의 과거와 오래전 생명의 비밀이 눈앞에 펼쳐진다니, 왠지 가슴이 두근거렸다.

암모나이트 화석
암모나이트는 중생대에 바다를 헤엄치며 살았던 생물로, 이 화석이 발견된 지층은 중생대에 쌓인 지층이다.

삼엽충 화석
삼엽충은 고생대에 바다를 장악했던 생물로, 종류가 매우 다양했다. 이 화석이 발견된 지층은 고생대에 쌓인 지층이다.

"화석 가운데 표준 화석이라는 게 있어. 표준 화석이란 지층이 언제 생겼는지 알 수 있게 표준이 되는 화석을 말해. 대체로 표준 화석들은 살았던 기간이 짧고 넓은 지역에 두루 분포한단다.

예를 들어 지층에서 삼엽충 화석이 발견되었다면 그 지층은 고생대에 쌓였다는 것을 알 수 있지. 그 이유는 고생대에 **가장 번성한 생물**이 바로 삼엽충이었기 때문이야."

삼촌은 길을 가다가 어떤 지층에서 암모나이트 화석을 발견했다면, 그 지층은 중생대에 만들어진 것이라고 했다. 암모나이트는 중생대에 번성했던 생물로, 암모나이트 화석은 그 지층이 중생대에 만들어졌다는 사실을 알려 주는 표준 화석이기 때문이다.

"이렇게 우리는 화석을 통해서 과거 지질 시대에 살았던 생물의 흔적을 발견할 수 있어. 화석은 지구의 역사와 생명의 진화를 설명하는 중요한 증

거물이거든. 우리가 지금까지 알지 못했던 **과거의 비밀**을 풀 수 있는 **열쇠**인 셈이지."

삼촌은 화석을 연구하면 다양한 생물들이 어떻게 멸종하고 살아남고 진화했는지 알 수 있다고 했다. 또 이런 자료들이 모이면 과거 지구의 자연환경을 이해하고, 나아가 지구의 미래까지도 예측할 수 있다고 덧붙였다.

삼촌,
여기 좀 보세요!
암모나이트 화석이
있어요.
여기는 암모나이트와
공룡이 많이 살았던
중생대에 만들어진
지층이겠구나.

화석을 발굴하려면

"삼촌, 화석은 어떻게 찾는 거예요?"

나는 **진지하게** 물었다. 애닝의 이야기를 듣고 나니, 나도 화석을 찾을 수 있을 것만 같았다.

"화석은 퇴적암 지역에서만 발견되니까, 화석을 찾으려면 먼저 퇴적암 지역부터 살펴봐야 해. 화석을 연구하는 탐사 팀도 지역을 정해 대규모 조사를 벌여 화석을 발굴한단다. 이때 트럭, 발전기, 정, 끌, 망치 등 수많은 발굴 도구, 탐사 장비, 운반 장비가 동원되지."

"화석은 **아무나 찾을 수** 있는 거예요?"

"글쎄다, 노력하기 나름이겠지."

나도 삼촌처럼 땅속 깊은 곳에 묻힌 화석을 발견하고 싶어졌다. 하지만

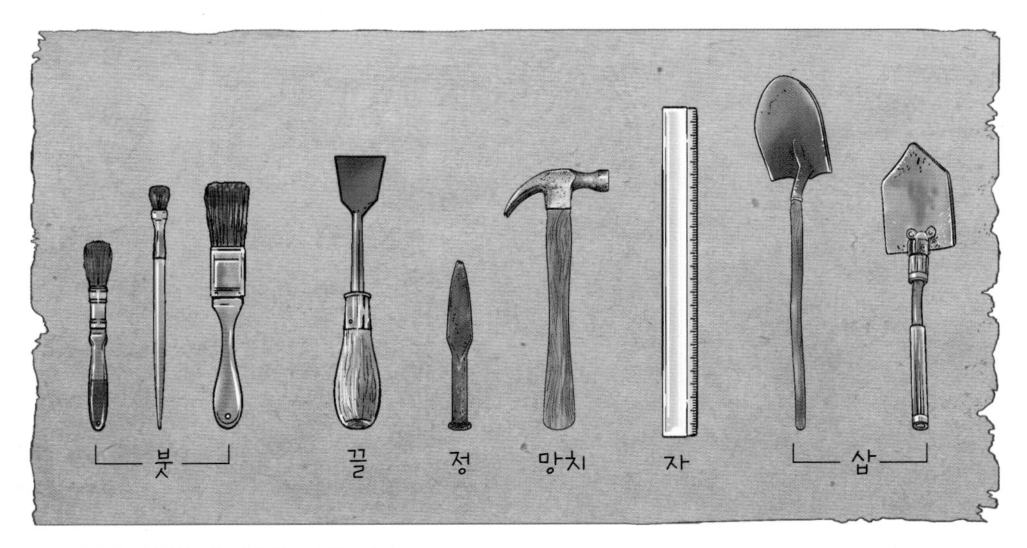

화석을 발굴할 때 필요한 도구들이다.

내가 땅을 파려 하자 삼촌이 절절매며 손을 흔들었다.

"땅을 함부로 파선 안 돼."

"어째서요?"

"무조건 땅을 파고, 땅속에 묻힌 암석을 찾아낸다고 끝나는 일이 아니야."

화석을 발굴하는 일은 아주 정교하고 복잡한 작업이라고 했다.

"화석을 발굴하려면 우선 어떤 화석을 찾을지 결정해야 해. 그다음에는 화석이 된 생물이 살아 있다고 생각하고, 그 생물이 생활했을 만한 장소를 찾는 거야. 만약 공룡 화석을 찾으려면 중생대에 쌓인 퇴적암 지층을 먼저 찾아야 하지. 그럼 우리도 화석을 발굴하러 한번 가 볼까? 자, 준비물을 철저하게 챙기도록!"

어어, 그만!
아무렇게나
땅을 파면 안 돼.
여길 파면
화석이
나올까요?

다구 삼촌의 연구 수첩

화석 발굴 여행에서 필요한 준비물

사진기

화석 탐색 작업과 발굴 작업을 할 때 일일이 기록해 둘 수 없는 것들을 사진으로 찍어서 기록한다.

등산화나 운동화

화석을 발굴하려면 오랜 시간 동안 야외를 돌아다녀야 하므로 튼튼한 신발이 필요하다.

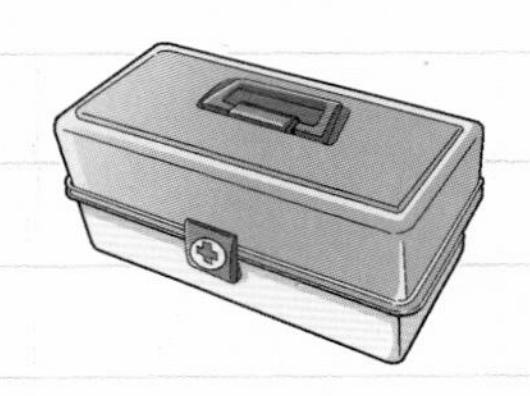

비상약

먼 길을 떠나 처음 가는 곳이므로 평소에 먹는 약과 소화제 등을 챙겨서 아플 경우를 대비해야 한다.

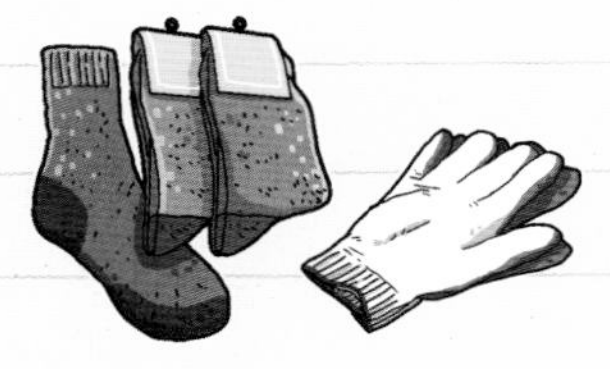

두꺼운 양말과 면장갑

발목을 덮는 길고 두꺼운 양말이 좋다. 흙을 파고 먼지를 털어 내려면 손을 보호할 수 있는 면장갑이 필요하다.

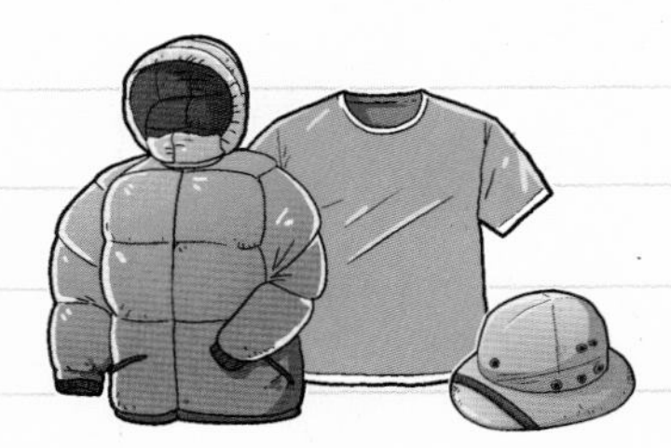

옷과 모자

두꺼운 옷과 얇은 옷을 모두 챙긴다. 또 야외에서 오랜 시간 동안 작업해야 하므로 햇볕을 가릴 모자도 필요하다.

방수 시계

단체로 이동할 때는 시간 약속을 잘 지켜야 한다. 갑자기 비가 내리거나 강물에 빠질 수도 있으니 방수 시계가 필요하다.

줄자
발견한 화석의 크기와 발견 지역의
크기를 측정할 때 필요하다.

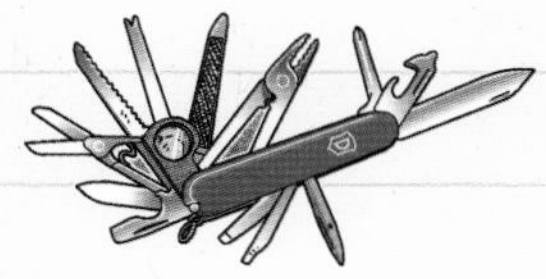

다용도 칼
여러 가지 도구가 하나로 묶여 있어서
야외에서 작업할 때 유용하다.

플라스틱 통과 비닐봉지
발견한 화석 조각들을 잘 담아서
가져갈 때 필요하다.

비옷
갑자기 소나기가 올 때를 대비해서
비옷이 필요하다.

나침반
화석을 따라다니다 보면 길을 잃기
쉽다. 길을 잃지 않도록 방향을 알려
주는 나침반을 꼭 챙겨야 한다.

필기도구
발굴할 때의 상황을 단계마다 기록하기
위해 필기도구가 필요하다. 이 기록이
화석 연구를 위한 정보이다.

돋보기와 손전등
돋보기는 작은 화석들을 관찰할 때
필요하다. 손전등은 어두운 곳이나
작은 것을 관찰할 때 필요하다.

물병과 물티슈
햇볕에서 오랜 시간 있을 때는 물병을
챙겨 물을 적당히 마신다. 또한 물이
없는 야외에서 물티슈는 유용하게 쓰인다.

공룡 화석을 발굴하다!

"혜별아, 넌 무슨 화석을 찾고 싶니?"

삼촌의 물음에 나는 공룡 화석을 찾고 싶다고 했다.

"공룡 화석에도 종류가 여러 가지잖아. 초식 공룡도 있고 육식 공룡도 있고. 먼저 그것부터 정해 보렴."

"그냥 아무거나 찾으면 안 돼요?"

"허허, 어떤 공룡이냐에 따라서 살았던 장소가 다르단 말이야."

삼촌은 무슨 화석을 찾을지 결정한 뒤에 찾고 싶은 화석이 있을 만한 장소를 집중적으로 살펴보아야 한다고 말했다.

"지층 깊숙이 묻혀 있는 화석을 발굴하려면 먼저 단단히 굳어 있는 지층의 겉면을 굴삭기로 파헤쳐야 해. 그러면 화석이 드러날 거야."

"얼마나 깊이 파야 하는데요?"

"보통 1m 이상은 굴삭기로 흙을 퍼내야 해. 그리고 화석이 드러나면 망치, 톱, 칼, 붓 등 여러 가지 도구로 암석에서 화석을 떼어 내야 해."

화석은 가벼운 충격에도 곧잘 부서지거나 짓눌리기 때문에 화석을 감싸고 있는 암석을 제거할 때는 특히 조심해야 한다고 했다.

"삼촌, 힘들게 찾아낸 화석인데, 부서지면 정말 속상할 거예요."

"그렇지. 매 과정마다 조심조심 다루어야 한단다. 우선 화석 주위를 두껍게 감싸고 있는 암석을 톱, 망치, 정 같은 것으로 잘 다듬어서 떼어 내지. 그다음에는 화석을 조심스럽게 운반해야 하는데 이 과정이 제일 어렵지. 아주 무르고 약한 화석은 옮기면서 부서질 수도 있거든. 그래서 화석을 보호하기 위해 석고로 감싸서 운반한단다."

삼촌은 현장에서 화석을 옮기기 전에, 모든 화석이 발견된 위치를 정확하게 기록해 두어야 한다고 했다. 이 기록이 화석을 연구하는 데 가장 중요한 밑거름이 되기 때문이란다.

발굴한 화석을 사진으로 찍어 둬야지!
B-02 2139-A

발굴한 화석을 연구실로 운반한 뒤에는 화석을 완전히 분리하는 과정이 필요하단다.

"아아, 이건 너무 **단단해요!**"

"암석이 너무 단단하면 파쇄기를 이용하기도 해."

"파쇄기가 뭔데요?"

"공기를 세게 내뿜는 기계지. 그걸 이용하면 암석을 깨트리지 않고 좁쌀만 한 크기로 **살살** 떼어낼 수 있단다. 또 치과에서 쓰는 드릴이나 바늘로 암석을 조금씩 긁어내기도 하지. 화석을 온전하게 분리하려면 암석 전체를 부수거나 깨트려서는 안 되기 때문이야. 어떤 화석은 암석을 떼어 내는 데 몇 년씩 걸리기도 한단다."

"헉, 몇 년씩이나!"

나는 생각보다 어렵고 힘든 작업에 **혀를 내둘렀다.**

"화석이 모습을 드러내면 피브이에이(PVA)라는 용액을 뿌려. 그 용액은 화석 틈으로 스며들어서 화석 전체를 단단하게 만들어 주지."

그래야만 화석의 모양이 망가지지 않게 분

리해 낼 수 있다는 것이었다.

"큰 공룡 화석을 제대로 다 분리하려면 엄청 오래 걸리겠네요."

"디플로도쿠스처럼 척추가 무려 90개가 넘는 커다란 공룡의 뼈를 복원하는 데는 몇 년이 걸리기도 해. 박물관 창고에 가면 우리가 보는 공룡 화석들보다 몇 배나 많은 화석이 수북하게 쌓여 있을 거야."

"나처럼 인내심 없는 사람은 절대 화석을 발굴하지 못할 거예요."

나는 끙 한숨을 내쉬었다.

"화석 발굴은 인내심이 많이 필요한 작업이지. 화석을 암석에서 분리한 뒤엔 더 힘든 작업을 해야 하거든."

"이게 끝이 아니라고요?"

"그럼. 이제 본격적으로 뼈 화석을 맞춰야 하거든."

"아, 퍼즐 맞추기처럼! 그건 좀 재미있을 것 같아요."

"그래, 모은 뼈 화석들이 같은 공룡의 것인지도 알아봐야 하고, 그 뼈가 어떤 부위에 어떻게 들어갈 것인지도 알아내야 하지. 공룡 뼈 화석은 대부분 땅에 뿔뿔이 흩어져 있어서 제대로 맞추는 데 시간이 오래 걸려."

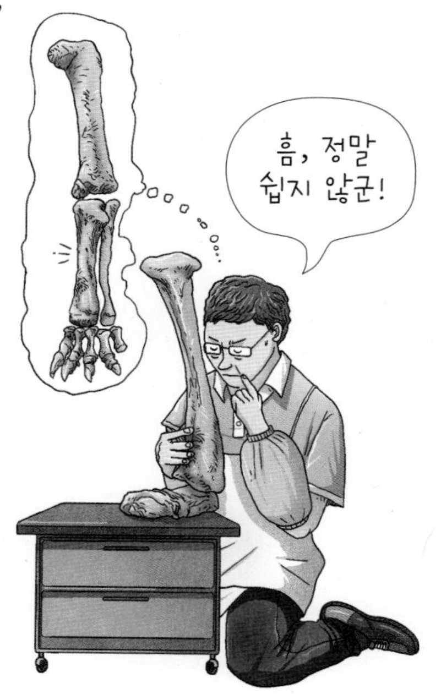

"그럼 복원을 하다가 실수할 수도 있겠네요?"

"그렇지. 어쩌면 우리가 알고 있는 티라노사우루스의 꼬리가 엉덩이 말고 등에 붙어 있었는지도 모르지. 본 적이 없어서 짐작할 뿐이니까. 하지만 다양한 기술로 최대한 원래 모습에 가깝게 복원하려고

이빨이 나처럼 뾰족하면
육식 공룡이지.
스피노사우루스의 이빨

이빨이 나처럼 뭉툭하면
초식 공룡이야.
트리케라톱스의 이빨

애쓴단다."

삼촌은 공룡 뼈를 복원할 때, **이빨 화석**을 먼저 분석하면 초식 공룡인지 육식 공룡인지를 알 수 있다고 했다. 그리고 초식 공룡과 육식 공룡의 특징에 따라 **뼈 화석**을 맞춰 나간다고 한다.

또한 모든 뼈 화석이 그대로 묻혀 있지 않고 왼쪽이나 오른쪽 어느 한쪽의 뼈만 있어도 몸 전체를 복원할 수 있다고 한다. 오른쪽 발가락뼈만 있다면 그것을 좌우로 대칭하여 왼쪽 발가락뼈를 만들 수 있다는 것이다. 이것은 몸의 왼쪽과 오른쪽이 대칭이기 때문에 가능한 일일 것이다.

"윽, 삼촌! 공룡을 복원하는 게 이렇게 어려울 줄은 상상도 못했어요."

"벌써부터 두 손 두 발을 다 들어 버린 거야?"

"아직도 작업이 남았어요?"

"공룡의 전체 골격을 복원하려면 뼈 화석을 맞추는 것 말고도 해야 할 일이 많아. 뼈 화석 모양을 그림으로 그려 두어야 하고."

"어째서요?"

"그래야만 다음에 비슷한 뼈 화석을 발견하면 헷갈리지 않고 알맞게 구별할 수 있으니까."

"아, 그렇겠다."

삼촌은 화석을 기계에 넣고 컴퓨터로 촬영하는 작업도 필요하다고 했다.

"컴퓨터로 촬영한 자료를 이용해서 뼈 화석의 위치, 역할 등을 파악하고 그래픽으로 뼈 화석 위에 근육을 입히면 먼 옛날 살았던 공룡이 어떤 모습이었는지를 대충 알 수 있게 되지."

"산 넘어 산이네. 공룡 복원이 이렇게 **복잡하고 어렵다니!**"

나는 마음속으로 공룡을 복원하는 사람들의 인내심에 박수를 보냈다.

뼛조각을 맞춘 다음에는 세밀하게 그림을 그려 두어야 해.
아저씨는 컴퓨터로 무엇을 하시는 거예요?
촬영한 뼈 자료를 컴퓨터로 옮겨 특징을 알아내고 있단다.

다구 삼촌의 연구 수첩

화석 발굴 과정

화석을 찾고 발굴하는 과정은 흥미롭지만 인내심이 필요한 일이다. 화석을 어떻게 찾고 발굴하는지 알아보자.

① 화석이 나올 만한 퇴적암 지층을 찾아 돌아다니며 탐색한다.

② 땅을 파다가 화석의 일부가 보이면 주변을 조심스럽게 파내기 시작한다.

③ 삽, 망치, 끌 등의 도구로 주변에서 드러나는 화석도 빠짐없이 파낸다.

④ 화석 발굴지의 전체적인 현장 모습을 사진과 그림으로 기록한다.

삼촌, 정말 대단해요!
삼촌이 얼마나 힘들게 화석을 발굴하고 있는지 이제 알겠지?

⑤ 부서지기 쉬운 부분은 약품을 발라
단단하게 만들어서 작업을 진행한다.

⑥ 화석의 윗면이 드러나면, 상하지 않도록
화석의 윗면을 석고 붕대로 감싼다.

⑦ 땅을 깊이 파서 석고 붕대로 감싼 화석의
나머지 부분을 발굴한다.

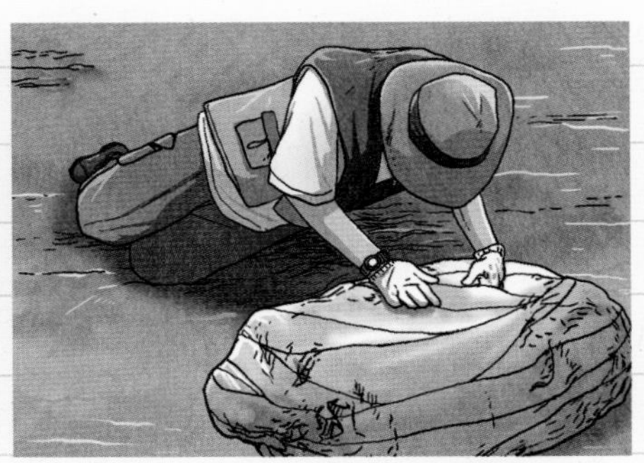

⑧ 화석이 상하지 않도록 화석 전체에
석고 붕대를 꼼꼼히 감싼다.

⑨ 석고 붕대로 감싼 화석을
튼튼한 줄로 묶어 조심스럽게
끌어 올린다.

공룡의 생활 모습을 밝혀라!

"자, 복원이 끝났으면 이제 무엇을 해야 할까? 바로 공룡이 어떻게 살았을지 생각해 보는 거야. 노도사우루스의 화석이 발견되었을 때 머리뼈를 복원해 보니 머리를 50도 정도 숙인 모습이었어. 이것으로 노도사우루스는 키가 작은 풀을 뜯어 먹고 살았다는 사실을 알아냈지."

노도사우루스는 **풀을 뜯어 먹기** 좋은 자세로 머리뼈 자체가 그렇게 굳어 버린 것이었다.

1889년 미국에서 노도사우루스 화석이 발견되었다. 발견된 머리뼈 화석의 특징을 통해 노도사우루스가 항상 머리를 50도 정도 숙인 채로 살았다는 것을 알 수 있었다.

삼촌은 화석을 통해 알아낸 사실들을 하나씩 알려 주었다.

"공룡 **발자국 화석**은 어떻게 만들어졌을까? 먼저 공룡이 부드러운 흙이 있는 곳을 걸어갔겠지. 그러면 발자국이 땅에 찍힐 것이고 발자국이 찍힌 땅은 건조해져서 딱딱해졌을 거야. 그 위로 오랜 시간 동안 퇴적물이

공룡 발자국 화석
경남 고성의 바닷가에서 공룡 발자국 화석이 발견되었다. 공룡 발자국은 있는데 꼬리의 흔적은 없었으므로 공룡이 꼬리를 치켜들고 다닌 사실을 알 수 있었다.

쌓이면서 굳어지지. 그러다 비, 바람 때문에 땅 표면이 깎이면 발자국 화석이 드러나게 돼. 우리나라에서는 공룡뿐만 아니라 새나 사람 발자국까지 다양한 종류가 발견되었어. 참, 공룡 발자국 화석으로 중요한 사실을 알게 되었는데, 바로 공룡이 **꼬리를 치켜들고** 다녔다는 사실이야."

"영화 〈쥬라기 공원〉이나 만화 영화 〈아기 공룡 둘리〉에서는 공룡이 걸을 때 꼬리가 땅에 닿던데요?"

"그건 사람들이 실제로 공룡이 걷는 모습을 본 적이 없기 때문에 막연히 **상상해서** 표현했던 거야. 하지만 공룡 발자국 화석을 연구한 결과 그 주변에 꼬리가 끌린 흔적이 없었기 때문에 공룡이 꼬리를 들고 다녔다는 사실을 알게 되었지."

"삼촌, 만약 공룡 발자국 화석이나 뼈 화석이 없었다면 공룡이 어떤 모습이었는지 짐작할 수 없었겠죠?"

"그래, 공룡이 하늘을 날아다니는 용이나 주작처럼 상상으로 만든 신비의 동물일 거라고 생각했을지도 모르지."

"화석은 엄청 소중한 거구나."

삼촌은 공룡 화석으로 공룡의 생김새와 움직임까지 알아냈다고 했다.

"공룡의 뼈 화석을 살펴보면서 공룡의 덩치가 얼마나 컸는지 짐작했고, 몸 구조가 어떻게 이루어졌는지도 알아냈지."

"화석이 없었다면 〈쥬라기 공원〉 같은 영화도 만들 수가 없었겠네요."

"그랬겠지. 참, 공룡 발자국의 크기, 모양, 파인 정도를 이용해서 공룡이 얼마나 빠른 속도로 걸었는지도 알아냈단다."

"와!"

"화석을 연구하기 전에 학자들은 공룡이 도마뱀과 비슷하게 걸었을 거라고 생각했어. 그런데 화석을 연구해 보니 공룡의 두 다리는 도마뱀과 달리 몸통 아래쪽으로 곧게 연결되어 있지 뭐야. 덕분에 공룡이 도마뱀처럼 몸을 비틀지 않고 똑바로 걸었다는 걸 알게 됐지."

도마뱀이 걷는 모습

도마뱀은 다리가 몸통에서 직각으로 구부러지며 연결되어 있어서 몸을 좌우로 비틀며 걷는다.

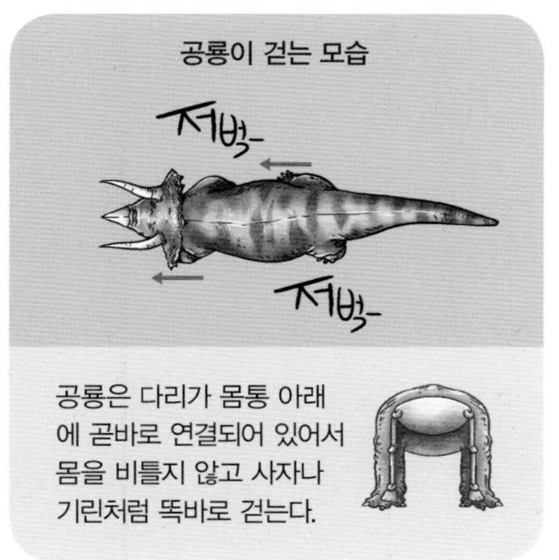

공룡이 걷는 모습

공룡은 다리가 몸통 아래에 곧바로 연결되어 있어서 몸을 비틀지 않고 사자나 기린처럼 똑바로 걷는다.

또한 화석 덕분에 공룡의 식습관도 알게 되었다고 한다. 1995년 캐나다의 서스캐처원에서는 길이가 43cm, 높이가 12cm 정도로 큰 공룡의 똥 화석이 발견되었다고 한다. 이것을 연구한 학자들은 티라노사우루스의 똥 화석일 거라고 주장했다. 티라노사우루스가 먹이를 제대로 씹지 않고 꿀꺽 삼켰기 때문에 **거대한 똥 덩어리**가 나왔고, 그것이 화석이 되어 오늘날까지 보존된 것이라고 생각한 것이다.

"그것이 정말 똥 화석이었나요?"

"그랬지."

"헉, 더러워."

"더럽다고 생각하면 안 돼. 과학자들에게 그 똥 화석은 엄청난 보물이야. 공룡이 먹이를 씹어 먹었는지, 아니면 통째로 삼켰는지 알게 됐거든."

"하긴 그렇겠군요."

나는 과학자들이 계속 새로운 사실을 알아내고 있다는 게 놀라웠다.

웩, 똥이라니 더러워!
이건 엄청난 보물이야. 잘 살펴봐야 한단다.
티라노사우루스의 똥 화석

소리까지 복원하다

"정말 신기한 일이 또 있어. 화석을 이용하면 공룡 소리도 재현할 수 있단다. 공룡이 어떤 소리를 냈을지 궁금하지 않니?"

나는 영화에서 들었던 **공룡 소리**를 상상하며 흉내 내 보았다.

"과학자들이 약 8,000만 년 전에 살았던 파라사우롤로푸스의 화석을 이용해서 소리를 내는 성대 기관과 머리뼈 구조를 분석했고, 컴퓨터로 파라사우롤로푸스의 입체 모형을 완성했어. 그리고 실제로 그 모형에 공기를 불어 넣어 소리 나게 만들었지."

삼촌은 곧장 컴퓨터로 공룡 소리를 들려주었다. 공룡 소리는 트럼펫 소리처럼 매우 **낮고 묵직했다.** 물론 이것이 정확한 공룡 소리인지는 알 수 없지만, 현재 샌디아 연구소에서는 여러 종류의 공룡 소리를 복원하는 작업을 활발히 하고 있단다.

"공룡을 연구하는 학자들은 쥐라기 시대에 살았던 귀뚜라미 화석을 발견했어. 귀뚜라미 수컷 화석의 앞날개에는 활갈이 생긴 마찰 기구가 있는데,

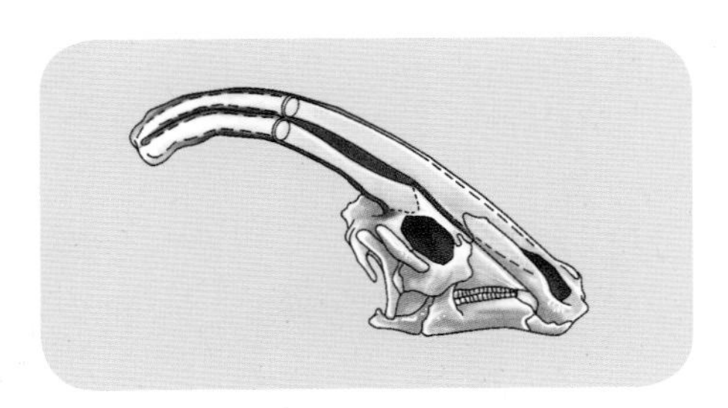

파라사우롤로푸스의 머리뼈
코뼈에서부터 머리 뒤쪽으로 이어지는 기다란 돌출부로 공기가 들어와 소리를 냈다.

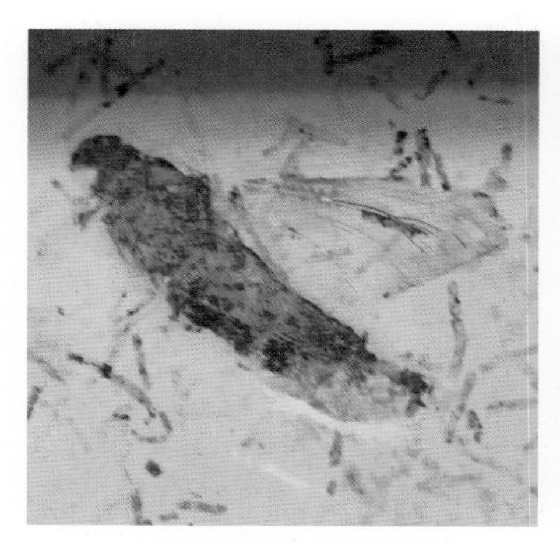

날개가 보존된 귀뚜라미 화석으로 쥐라기에 살았던 귀뚜라미 소리를 복원했다.

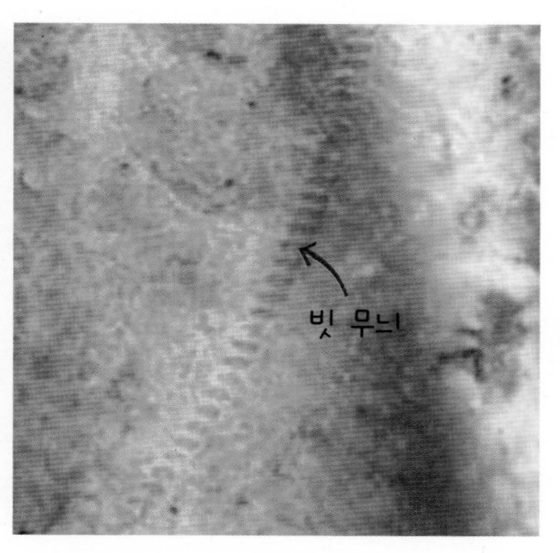

마이크로 현미경으로 귀뚜라미 화석의 날개 부분을 확대하면 빗 무늬가 보인다.

이걸 다른 쪽 날개에 있는 울퉁불퉁한 빗 무늬에다 문질러서 소리를 냈다는 사실을 알아냈지."

"실제로 귀뚜라미가 그렇게 소리를 내는 거예요?"

"과학자들은 직접 귀뚜라미를 잡아서 살펴봤어. 그랬더니 현재 귀뚜라미도 그렇게 소리를 내고 있었던 거야."

"와, 그러니까 귀뚜라미는 쥐라기 때부터 지금까지 똑같은 방식으로 소리를 냈던 거네요."

"그래, 과학자들은 화석을 이용해서 쥐라기 때 살았던 귀뚜라미의 소리와 현재 귀뚜라미의 소리를 비교해 봤지."

"어땠어요?"

"쥐라기 때 살았던 귀뚜라미가 현재 귀뚜라미보다 더 낮고 맑은 소리를 냈다고 해."

나는 삼촌의 말을 듣고 무척 신기하고 놀라웠다.

지구의 과거 환경을 알아내다

"공룡이 등장하는 영화를 보면 공룡이 살았던 시기의 환경도 아주 잘 표현되어 있단다. 이제 공룡이 살았던 시기의 환경을 복원하는 것은 더 이상 영화 속에서만 일어나는 일이 아니야. 실제로도 화석 연구를 통해 과거의 일들을 알아내고 있으니까."

"정말 공룡이 살았던 환경까지 알 수 있어요? 와, 신기해요."

"그만큼 현재의 과학 기술이 발전한 거지. 실제로 산호 화석을 통해서 과거 지구의 자전 속도를 알아냈단다. 산호 화석을 자세히 들여다보면 미세한 선이 있지. 그 선은 낮과 밤에 산호가 성장하는 속도가 달라서 생기는 성장선인데 하루에 하나씩 생긴단다. 약 3억 7천만 년 전 산호 화석의 성장선을 세어 보니 400개였어. 그 당시에는 1년이 400일이었다는 뜻이지."

"에이, 1년은 365일이잖아요."

내가 말하자 삼촌이 무릎을 탁 치며 대답했다.

"**바로 그거야!** 산호 화석이 살았을 때는 1년이 365일이 아니라 400일이었던 거야. 그건 당시 지구의 자전 속도가 지금보다 빨랐다는 걸 말해 주는 거고."

"1년이 400일이었다니 놀라워요. 과거의 지구는 현재와 다른 점이 많

산호 화석
산호 화석에 있는 미세한 성장선의 수는 산호가 살았던 과거의 1년 날수와 같다.

았군요."

또 화석은 인간이 살지 않았던 시대의 지구 기온도 알려 주었다고 한다. 공룡 이빨 화석을 분석한 결과 공룡이 살았던 중생대에는 지구 기온이 오늘날과 비슷했다는 사실을 알게 된 것이다.

① 중생대에 살았던 공룡이 강이나 연못에서 물을 마신다.

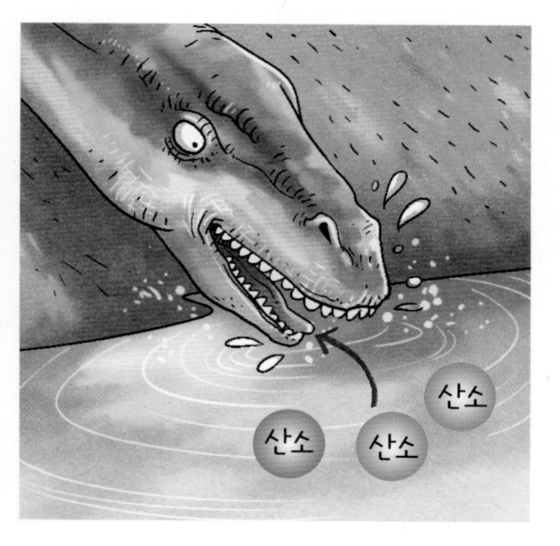

② 중생대 물속에 들어 있던 산소가 공룡 이빨과 결합한다.

③ 공룡이 죽어서 화석이 된다. 오랜 시간이 지난 뒤 공룡 화석이 발굴된다.

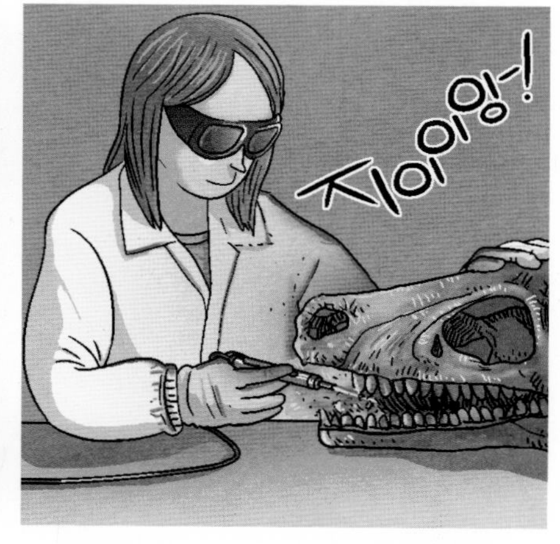

④ 공룡 이빨 화석에서 산소 성분을 분석하여 중생대의 기온을 알아낸다.

우리나라에서 복원한 공룡

삼촌은 우리나라에서도 공룡 복원에 성공했다고 말했다. 2003년 5월에 전남 대학교 한국 공룡 연구 센터 발굴 팀이 전라남도 보성군 득량면 비봉리 선소 마을 해안가에서 **공룡 화석을 발견**했단다.

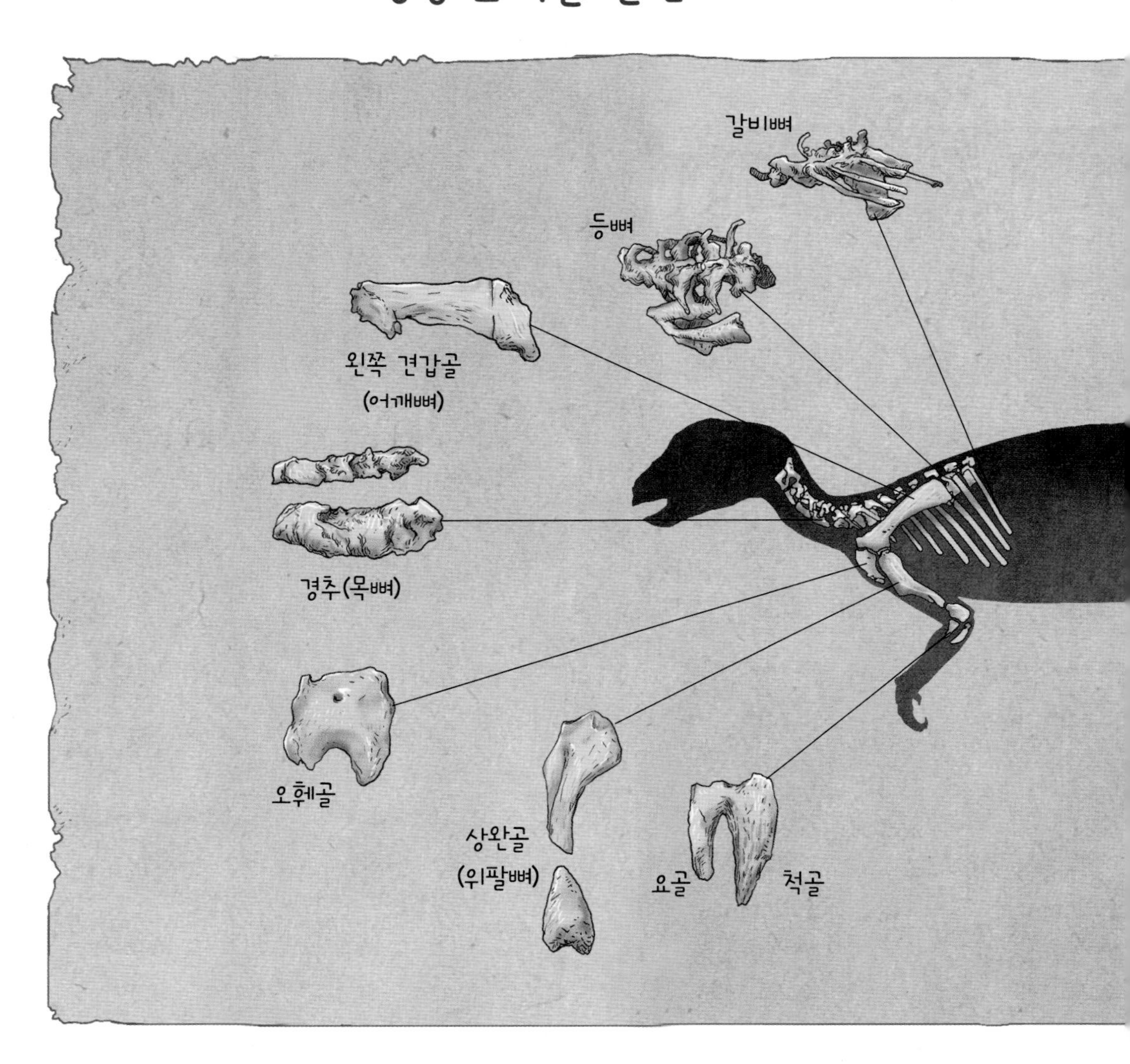

화석이 포함된 3개의 암석 덩어리를 발굴하여 화석 처리 작업과 연구를 시작한 지 7년이 지나 2010년에 드디어 온전한 상태의 공룡 골격 화석을 공개하게 되었다고 한다.

이 공룡은 **코리아노사우루스 보성엔시스**로 한반도에 살았던 육식 공룡으로 알려졌다.

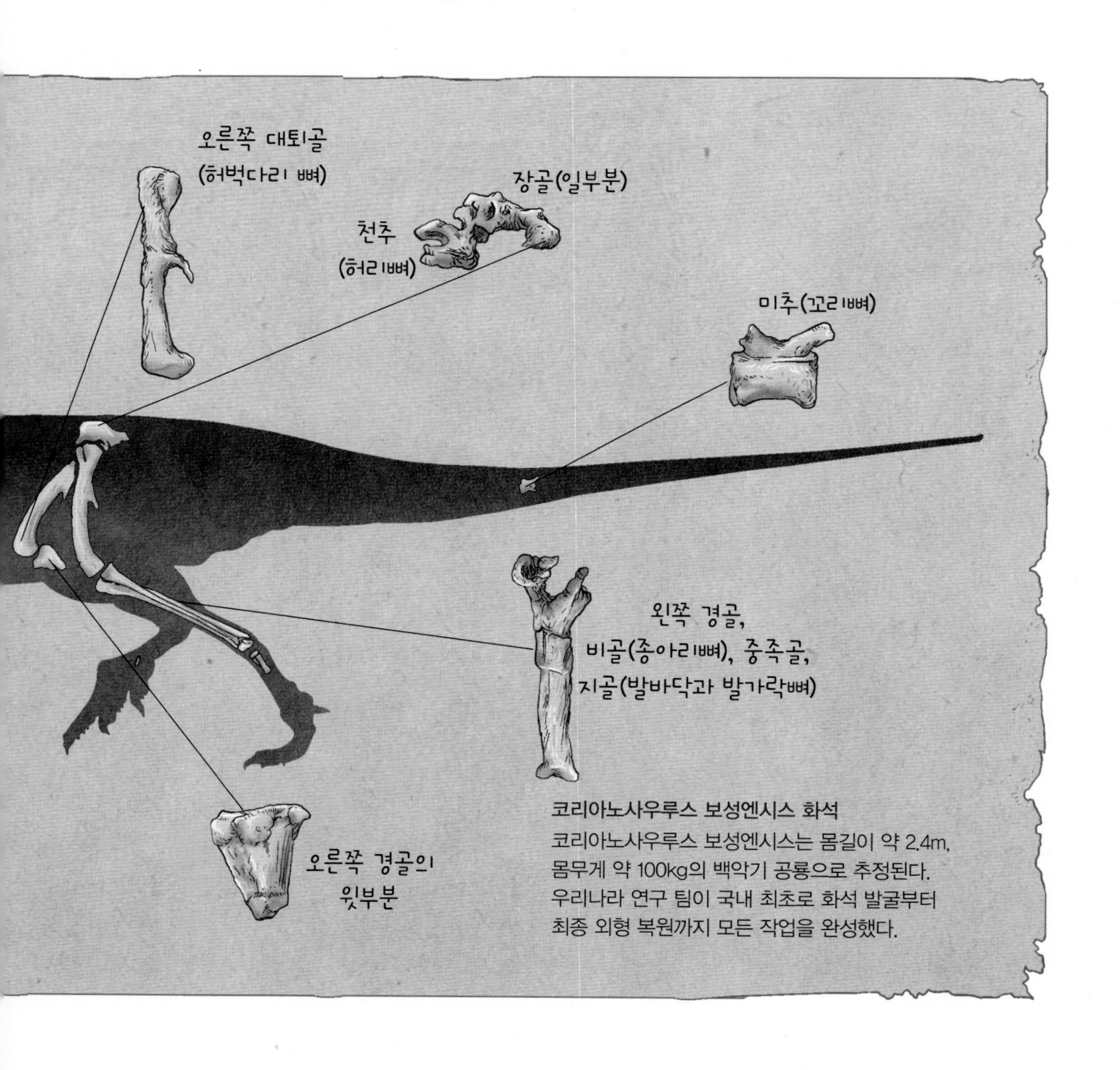

코리아노사우루스 보성엔시스 화석
코리아노사우루스 보성엔시스는 몸길이 약 2.4m, 몸무게 약 100kg의 백악기 공룡으로 추정된다. 우리나라 연구 팀이 국내 최초로 화석 발굴부터 최종 외형 복원까지 모든 작업을 완성했다.

험난한 복원 과정

지금은 최첨단 장비를 이용해 화석을 예전 모습 그대로 복원할 수 있지만, 화석을 복원하는 기술이 크게 발달하지 못했던 과거에는 재미있는 일들이 많이 벌어졌다고 한다.

"참, 맨텔이 발견한 돌이 무엇이었을지 궁금하지 않니?"

"맞다! 그것의 정체가 뭐였어요?"

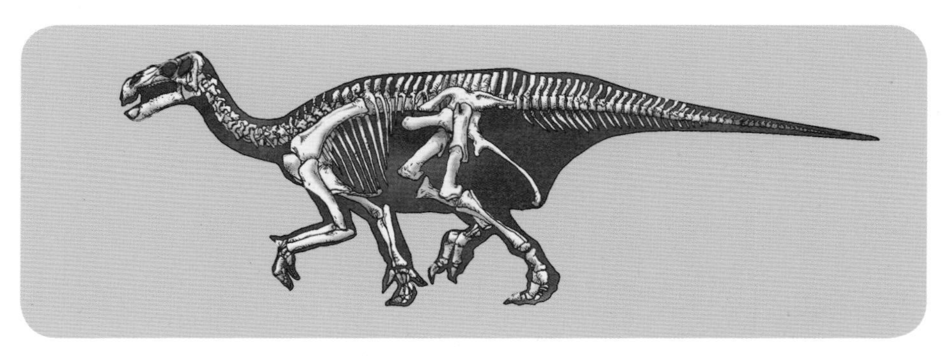

이구아노돈은 중생대에 살았던 초식 공룡이다. 1822년 맨텔이 발견한 돌은 이구아노돈의 이빨 화석이었다.

"1970년대에 벨기에에서 이구아노돈 화석들이 대량으로 발견된 뒤에야 그 정체가 알려졌지. 맨텔이 발견한 건 이구아노돈의 이빨 화석이었어."

"하하, 이구아노돈의 이빨을 코뿔소 뿔과 이구아나 이빨로 착각하다니, 이구아노돈이 그걸 알았다면 얼마나 황당했을까요?"

그밖에도 화석 복원 과정에서 웃지 못할 일들이 종종 벌어졌다고 한다.

"또 이런 일도 있었어. 1870년대 미국의 과학자인 에드워드 드링커 코프와 오스니엘 찰스 마시는 화석을 발견하고 복원하며 함께 의논하던 사이였어. 그런데 어느 날 코프가 복원한 플레시오사우루스의 머리뼈 화석과 꼬리뼈 화석 위치가 바뀌었다고 마시가 지적하면서 두 사람은 사이가 멀어졌단다."

"화석 때문에 사이가 나빠졌네요."

"그런 셈이지."

또한 아파토사우루스는 거의 100년 가까이 카마라사우루스의 머리뼈를 달고 복원되었다고 한다. 1975년에 이르러 아파토사우루스의 진짜 머리뼈가 발견되었고, 그제야 아파토사우루스의 실제 모습을 우리가 알 수 있게 되었다는 것이다.

아파토사우루스의
머리뼈 화석
자신의 진짜
모습을 알리기까지
100년이 걸렸다니,
참 웃긴 일이지?

아파토사우루스는 쥐라기에 번성했던 초식 공룡이다.
머리가 작고 몸통이 크고, 꼬리가 가늘었다.

화석으로 무엇을 알 수 있을까?

A

- 지금은 살지 않지만 옛날에 살았던 생물의 종류와 모습을 화석을 통해 알 수 있다. 암모나이트, 삼엽충 등은 화석을 발견한 뒤에 화석의 모습을 보고 지구에 살았던 사실을 알게 되었다. 그리고 화석을 관찰하여 생물의 생김새, 크기 등을 짐작할 수 있었다.

암모나이트 화석

삼엽충 화석

- 생물이 살았던 당시의 환경을 알 수 있다. 바다에 살았던 플레시오사우루스가 발견된 지층은 예전에 그곳이 바다였다는 것을 알 수 있다.

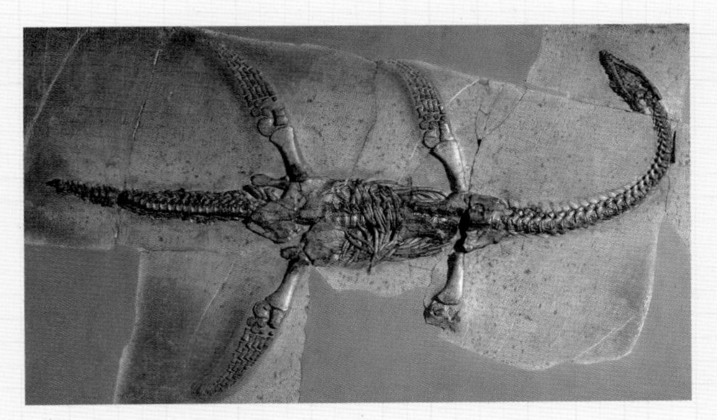

플레시오사우루스 화석

공룡 화석으로 어떤 사실을 알아냈을까?

A

- 공룡 다리뼈 화석을 맞추어 보고 공룡이 걸었던 모습을 알아냈다. 공룡은 다리가 몸통 아래에 곧게 붙어 있어서 몸을 비틀지 않고 똑바로 걸었다는 사실을 알아냈다.

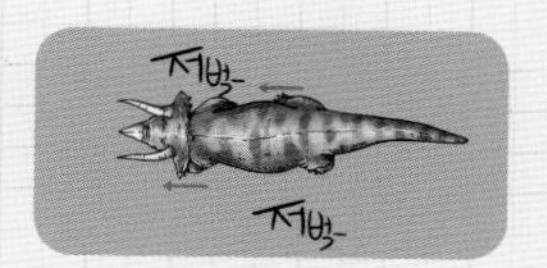

공룡이 걷는 모습

- 공룡 머리뼈 화석으로 생활 모습을 알아냈다. 노도사우루스의 머리뼈 화석을 보고 노도사우루스가 항상 머리를 숙인 채로 풀을 뜯어먹고 살았다는 사실을 추론했다.

노도사우루스

화석을 발굴하려면 어떤 과정을 거쳐야 할까?

화석 발굴은 오랜 시간 동안 끈기와 인내심이 필요한 과정이다.
간단하게 요약하면 다음과 같다.

① 화석이 나올 만한 지층을 찾는다.

② 화석 주변을 조심스럽게 파낸다.

③ 석고 붕대로 화석을 감싼다.

④ 깨지지 않도록 운반한다.

화석의 나이를 밝히자!

3장

화석이 알려 주는 사실

"혜별아, 사람이 이 땅에 살기 시작한 게 정확히 언제부터일까?"

삼촌이 퀴즈를 냈다.

나는 곰곰이 생각해 보았다. 공룡처럼 무시무시한 동물이 사는 곳에서는 사람이 살 수 없을 것 같았다.

"공룡이 멸종하고 나서일 것 같아요."

"왜 그렇게 생각해?"

"아주 먼 옛날 원시인들은 칼이나 도끼 같은 걸 만들 수 없었을 테니까 공룡처럼 무시무시한 동물이랑 같이 살면 다 잡아먹히지 않았을까요?"

그러자 삼촌은 정답을 얘기해 주는 대신 싱글벙글 웃음을 지었다.

"언제부터 사람이 살았는지 얘기해 줘요."

"화석을 잘 살펴보면 그 답을 찾을 수 있는데."

"화석에 그런 것도 나와요?"

"그럼, 이 궁금증을 해결해 준 것은 에티오피아 사막에서 발견한 유골 화석이었어. 유골 화석 속에 있는 아르곤 가스를 이용해서 과학자들은 그 유골이 520~580만 년 전쯤에 생성되었다는 결과를 얻었어. 어떻게 화석의 나이를 알아낸 걸까?"

"글쎄요."

내가 갸웃하자 삼촌이 말했다.

"화석의 나이를 알아내는 것은 지구의 역사를 알아내는 데 중요한 자료가 된단다. 삼촌이랑 화석의 나이를 어떻게 계산하는지 하나씩 알아볼까?"

"화석의 나이를 계산할 수 있다면 생물들이 얼마나 오래전에 만들어졌는지도 알 수 있겠네요."

"그럼, 지금까지 연구한 결과 해파리 화석 가운데 가장 오래된 화석은 6~7억 년 전의 것이었어."

"6~7억 년 전이요? 와, 상상할 수도 없을 만큼 오래전에 만들어졌네요. 그렇게 오래전에 만들어진 화석이 있다니 **놀라워요.** 화석은 그냥 돌인데 어떻게 그 돌이 만들어진 시기를 알아낼 수 있죠?"

"허허, 삼촌이랑 함께 그 의문을 풀어 보자.
직접 계산도 해 보고."

지층으로 알아낸 지구의 나이

"지질학자들은 다양한 방법을 이용해서 지층이나 화석이 언제 만들어졌는지 알아내는데, 이를 '연대 측정'이라고 해."

"연대 측정이요?"

지층은 수천 년에서 수만 년 동안 퇴적물이 쌓여 만들어졌기 때문에, 지층 안에는 지구의 역사에 대한 수많은 정보들이 들어 있다고 한다.

"나무의 나이테를 본 적이 있지? 나이테는 1년마다 하나씩 늘어나기 때문에 나이테를 세어 보면 그 나무의 나이를 알 수 있어. 이렇게 나이테가 나무의 나이를 알려 주는 것처럼 지층도 **지구의 역사**를 알려 준단다. 지층이 쌓인 순서나 지층에 포함된 암석 층을 분석하면 그 지층이 만들어진 시기를 알아낼 수 있어."

"그걸 왜 알아야 하는데요?"

와! 이 나무는 나이가 몇 살일까요?
나이테를 세어 보면 알 수 있어.

삼촌은 빙그레 웃으며 말했다.

"혜별이 네가 좋아하는 브라키오사우루스가 언제 살았던 공룡인지도 연대 측정으로 알아낸 거야."

"정말이요?"

"인류가 살기 전 지구에 살았던 수많은 생물들이 언제부터 언제까지 살았는지도 연대 측정으로 밝혀냈지. 공룡이 언제 살았는지, 인류의 조상이 언제부터 지구에 등장했는지 몰랐을 때는 공룡과 사람이 함께 살았다고 생각하기도 했어. 하지만 연대 측정으로 공룡이 살았던 시기와 인류가 지구에 등장한 시기를 밝혀냈지.

결국 공룡과 인류는 **함께 살지 않았다**는 거야."

"텔레비전에서 원시 시대 사람들이 공룡을 잡으러 다니는 것을 본 적이 있는데요?"

"그건 이야기를 재미있게 만들려고 사람들이 지어낸 거란다."

삼촌은 다시 연대 측정 이야기를 이어 갔다.

"연대 측정에는 상대 연대 측정과 절대 연대 측정이 있어.

상대 연대 측정은 주변에 쌓인 지층의 연대를 알아내서 상대적으로 그 지층보다 오래되었는지 오래되지 않았는지를 비교해 보는 거야. 절대 연대 측정은 암석에 포함되어 있는 물질의 특성을 이용해서 언제 만들어졌는지를 알아내는 것이고."

"삼촌, **너무 어려워요.** 좀 쉽게 설명해 주세요."

"허허, 알겠어. 그럼 상대 연대 측정부터 알려 줄게."

지층 순서를 보고 쌓인 시기를 알아내

삼촌은 종이를 꺼내서 그림을 하나 보여 주며 말을 시작했다.

"상대 연대 측정은 지층들을 서로 비교해서 언제 만들어진 것인지 순서를 정하거나, 만들어진 시기를 알고 있는 지층과 비교해서 그 지층이 만들어진 시기를 알아내는 방법이야. 상대 연대 측정을 이해하려면 몇 가지 법칙을 알아야 해. 첫 번째는 지층 누중의 법칙이야. **그림을 한번 볼까?** A, B, C, D, E층 중에서 가장 오래된 지층이 어떤 층일지 생각해 보렴."

"A층? 아니다, E층."

가장 오래된 지층은 어떤 지층일까?
흠, A층인가? E층인가?
지층 누중의 법칙
지층이 쌓일 당시의 순서를 그대로 유지하고 있을 경우, 아래의 지층은 위의 지층보다 먼저 쌓였다는 것이다.
A
B
C
D
E

미국 그랜드 캐니언
그랜드 캐니언은 층층이 쌓인 지층을 이루고 있다. 이때 먼저 퇴적된 지층 위에 새로운 층이 쌓이므로 가장 위에 있는 지층이 가장 최근에 쌓인 층이다.

"그렇지, 지층은 맨 아래부터 차곡차곡 쌓이니까, E층이 가장 오래전에 쌓인 층이겠지. 그다음은 D층, C층, B층, A층의 순서로 쌓인 거야."

"A층이 가장 어린 지층이네요."

"맞아. 가장 최근에 쌓인 지층이니까. 이렇게 아래쪽 지층이 위쪽 지층보다 오래되었다는 것을 '지층 누중의 법칙'이라고 해.

A층이 1,000년 전에 쌓였고 C층이 3,000년 전에 쌓였다면, B층은 언제 쌓였을까?"

"제가 그것도 모를까 봐요? C층이 쌓이고 나서 B층이 쌓였고, 그 후에 A층이 쌓였으니까……."

삼촌은 내 입을 **뚫어져라** 보고 있었다.

"B층은 3,000년 전부터 1,000년 전 사이에 쌓인 거예요."

나는 삼촌의 눈치를 살폈다. 삼촌은 흐뭇한 표정으로 고개를 끄덕이며 내 머리를 쓰다듬어 주었다.

"삼촌, 상대 연대 측정을 알려면 지층 누중의 법칙만 알면 되나요?"

"가장 많이 사용하는 법칙 하나만 더 알려 줄게. 두 번째는 관입의 법칙이야. 그림을 보고 지층이 쌓인 순서를 알아맞혀 봐."

관입의 법칙
지층을 뚫고 들어간 사실로 시간적인 순서를 확인할 수 있다는 것이다.
A
B
C

"음, 이번엔 지층이 차곡차곡 쌓여 있지 않아서 어려워요!"

"우선 A층과 B층만 살펴보자. 이것은 A층이 먼저 만들어진 후에 B층이 A층을 뚫고 들어간 그림이야. 이렇게 지층을 뚫고 들어간 사실로 쌓인 순서를 밝히는 것을 '관입의 법칙'이라고 해."

"관입요?"

"관입은 뚫고 들어간다는 뜻이야. 관입의 법칙에 따르면 C층은 언제 만들어진 걸까? C층이 A층과 B층을 둘 다 통과한 것이 보이지?"

"네, 그럼 C층은 A층과 B층이 만들어진 후에 두 층을 뚫고 지나간 거겠네요. C층이 가장 나중에 만들어진 지층이군요!"

"맞아, 그렇다면 삼촌이 문제를 하나 더 낼게. A층은 5,000년 전에 만들어지고 C층은 3,000년 전에 만들어졌을 때, B층은 언제 만들어졌을까?"

"A층과 C층이 만들어진 시기 사이에 B층이 만들어진 것이니까……."

나는 삼촌이 보여 준 그림에 A층과 C층이 만들어진 시기를 적어 보았다. 삼촌은 내가 적은 숫자를 보며 답을 정리해 줬다.

"이미 답을 적었는걸. B층은 A층과 C층 사이에 만들어졌으니까 5,000년 전에서 3,000년 전 사이에 만들어진 거야.

이렇게 주변 지층이 쌓인 시기를 이용해서 그 지층이 쌓인 시기를 알아내는 방법이 상대 연대 측정이야. **어때, 쉽지?**"

삼촌은 지층 속에 화석이 있으면 그 지층은 화석이 된 생물이 살았던 시기에 쌓였다고 유추한다는 사실도 알려 주었다. 이제 나도 지층이 쌓인 시기를 알아낼 수 있다니 **뿌듯했다.**

삼엽충은 고생대 생물이니까, 가운데 뚫고 들어온 지층은 고생대 이후에 만들어졌겠구나.
삼엽충 화석

나이는 방사성 원소에게 물어봐!

"이제부터 절대 연대 측정에 대해 이야기할 건데, 조금 복잡하지만 가볍게 들어 보렴."

"삼촌, 난 어려운 얘기는 딱 질색인데……."

삼촌은 나에게 막대 사탕을 건네며 이야기를 시작했다.

"찬찬히 들어 보면 그리 어렵지 않아. 절대 연대 측정을 알려면, 우선 '방사성 원소'가 무엇인지 알아야 해. 방사성 원소는 방사능이 들어 있는 원소야. 우라늄이 대표적인 방사성 원소지. 방사성 원소는 중요한 특징이 하나 있는데, 일정한 시간이 흐르면 방사성 원소의 양이 절반으로 줄어든다는 거야. 이렇게 방사성 원소가 **원래 양의 반으로 줄어드는 시간**을 '반감기'라고 한단다. 반감기는 방사성 원소의 종류마다 다르고, 반감기가 이미 알려진 방사성 원소들도 많아."

삼촌은 지층 속 암석에 포함된 방사성 원소의 양을 측정한 다음, 방사성

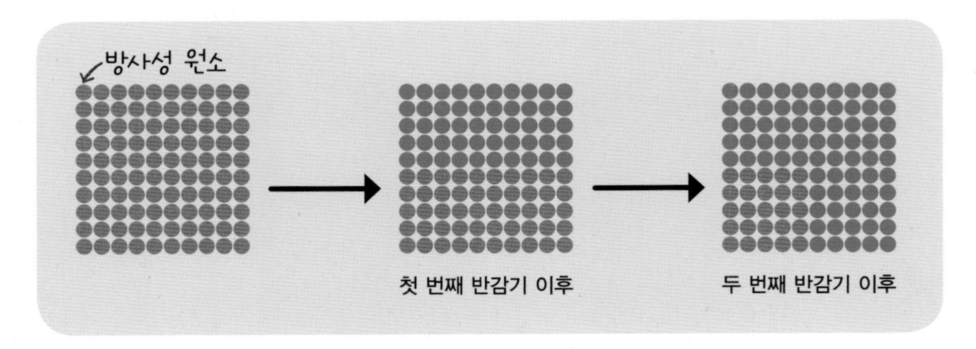

방사성 원소의 반감기
방사성 원소의 양이 100이라고 할 때 반감기가 한 번 지나면 그 양이 50이 되고
또 한 번 반감기가 지나면 25로 줄어든다.

원소의 반감기로 계산하면 그 지층의 쌓인 시기를 알 수 있다고 했다. 이렇게 지층 연대를 구하는 방법이 절대 연대 측정이란다.

"지층 속에 포함된 방사성 원소 양과 그 방사성 원소의 반감기를 알면 지층이 **만들어진 시기**를 알 수 있단 얘기로군요."

"그렇지! 과학자들은 지층의 나이를 알아보기 위해 이처럼 암석 속에 포함된 방사성 원소들을 이용한단다."

방사성 원소 중 칼륨은 약 13억 년이 지나면 처음 양의 절반이 아르곤으로 변한다고 한다. 암석이 만들어질 당시 칼륨의 양이 100%였다면 13억 년이 지난 후에는 50%로 줄어들고, 다시 13억 년이 지난 후에는 처음 양의 25%로 줄어들게 된다는 것이다. 현재 암석 속에 남아 있는 아르곤 양과 칼륨 양의 비가 75:25라면, 반감기가 두 번 지났다고 할 수 있다. 이를 통해 그 암석이 칼륨의 반감기인 13억 년의 두 배, 즉 26억 년 전에 만들어졌다는 것을 알 수 있다.

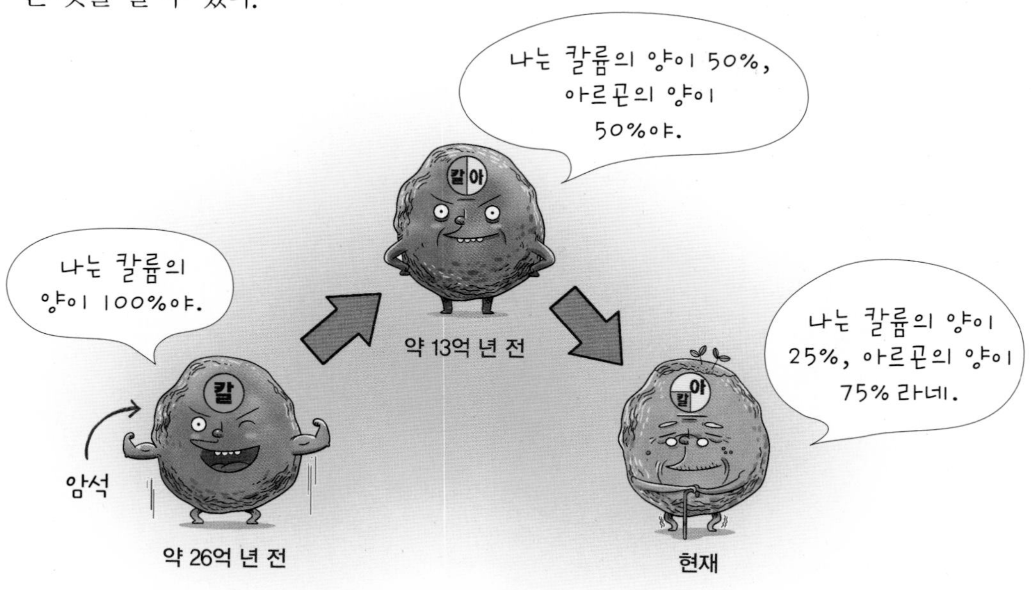

방사성 원소마다 반감기가 다르고 그 차이가 무척 크다고 한다. 우라늄은 반감기가 45억 년이고, 암 치료에 사용하는 코발트는 5.3년, 라듐은 1,622년이다.

"반감기가 **너무 짧은** 방사성 원소는 절대 연대를 측정하는 데 사용할 수가 없어. 그래서 절대 연대 측정에 사용하는 방사성 원소는 우라늄이나 칼륨처럼 반감기가 긴 원소들이야."

"절대 연대 측정을 이용하면 상대 연대 측정보다 지층 나이를 더 정확하게 알 수 있군요."

"그렇지."

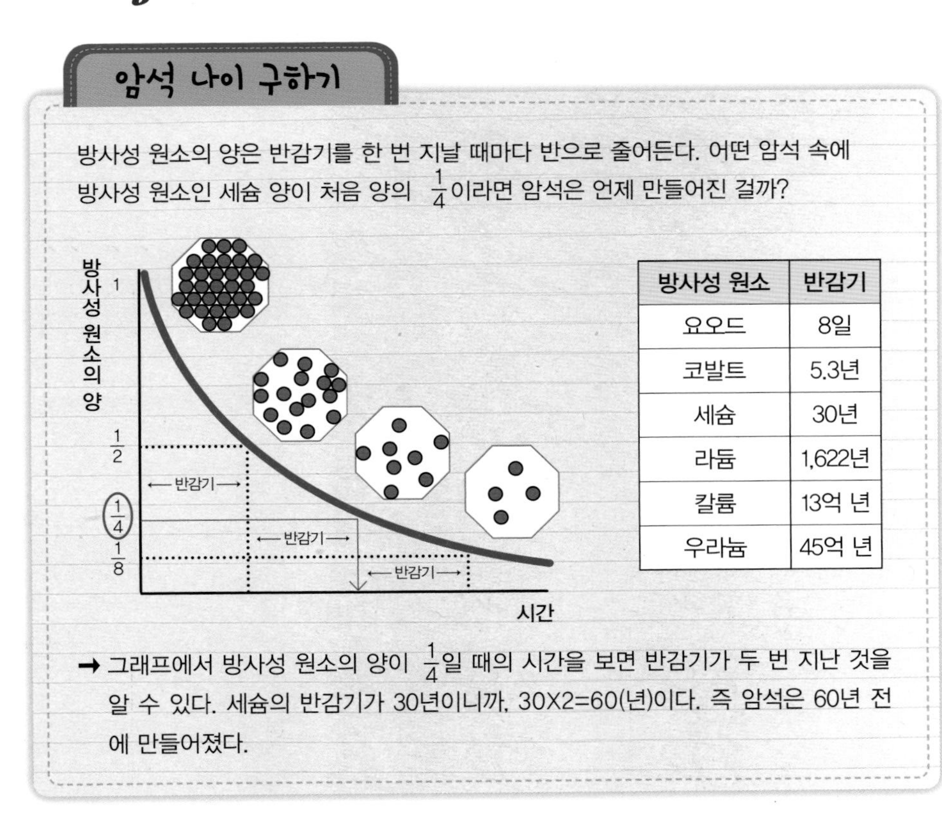

암석 나이 구하기

방사성 원소의 양은 반감기를 한 번 지날 때마다 반으로 줄어든다. 어떤 암석 속에 방사성 원소인 세슘 양이 처음 양의 $\frac{1}{4}$이라면 암석은 언제 만들어진 걸까?

방사성 원소	반감기
요오드	8일
코발트	5.3년
세슘	30년
라듐	1,622년
칼륨	13억 년
우라늄	45억 년

→ 그래프에서 방사성 원소의 양이 $\frac{1}{4}$일 때의 시간을 보면 반감기가 두 번 지난 것을 알 수 있다. 세슘의 반감기가 30년이니까, 30X2=60(년)이다. 즉 암석은 60년 전에 만들어졌다.

방사성 원소의 양을 이용해서 가장 **오래된 암석**을 알아냈는데, 캐나다의 아카스타 지역에서 발견된 편마암이라고 한다. 암석에 들어 있는 방사성 원소의 반감기로 계산해 보니 약 40억 년 전에 만들어진 암석이었다는 것이다.

캐나다 아카스타 지역에서 발견한 편마암은 약 40억 년 전에 만들어졌다.

"1969년 달에 착륙했던 아폴로 11호가 가지고 온 암석의 방사성 원소를 조사한 결과, 약 46억 년 전에 만들어진 암석이었어. 또한 지구에 떨어진 운석을 같은 방법으로 측정해 보니, **46억 년 전쯤** 만들어진 것을 알았지. 이것으로 지구와 달이 약 46억 년 전에 생겨났다는 것을 추측해 냈단다."

오호, 달 표면의 암석인 월석으로 달의 나이를 알아낼 수 있다니 신기한걸!

화석 나이는 몇 살일까?

삼촌은 연대 측정을 이용하면 지구 나이뿐만 아니라 화석이 된 공룡이 죽은 시기도 알 수 있다고 했다. 결국 화석이 만들어진 시기가 공룡이 죽은 시기와 비슷하기 때문이다. 공룡이 죽은 시기를 계산할 때, 가장 흔히 쓰는 방법은 화석에 포함된 방사성 탄소 양을 측정하는 '방사성 탄소 연대 측정'이라고 한다.

"앞에서 설명했듯이 **반감기**란 화석이나 암석에 있는 방사성 원소의 양이 처음 양의 절반이 되는 데 걸리는 시간을 말해.

어떤 남자와 여자가 사랑에 빠졌다고 가정해 보자. 이 두 사람이 처음 만났을 때, 서로를 향한 사랑이 1000이었어. 하지만 일주일 뒤에는 그 사랑이 500밖에 되지 않았지. 그리고 다시 일주일 뒤에는 250 정도밖에 사랑을 느낄 수 없었고, 다시 일주일이 지나자 125 정도의 사랑이 남아 있었어.

그렇다면 두 사람의 사랑은 일주일이 지날 때마다 반으로 줄어들고 있는 거야. 두 사람 **사랑의 반감기는 7일**이 되는 거지. 이제 반감기에 대해 확실히 알겠니?"

"네, 잘 알겠어요."

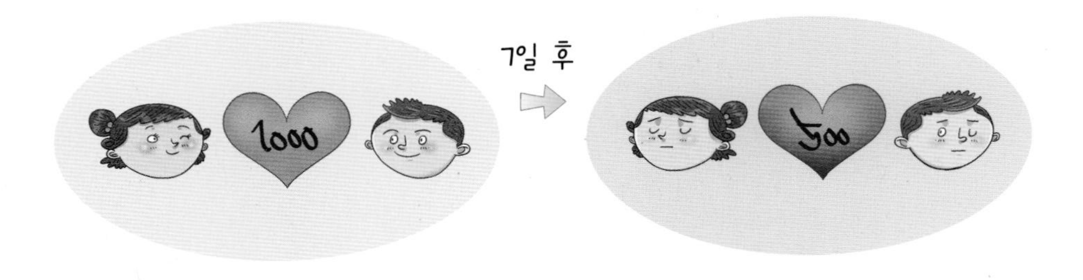

"모든 생물체 속에는 방사성 탄소가 있어. 방사성 탄소는 생물체가 죽으면 더 이상 만들어지지 않아. 생물체가 죽고 나서 시간이 흐르면 몸속에 남아 있던 방사성 탄소는 점점 질소로 바뀌게 돼. 방사성 탄소가 원래 양의 절반으로 줄어드는 데 걸리는 시간은 5,730년이야."

과학자들은 방사성 탄소의 반감기를 통해 화석이 언제 만들어졌는지 알아낸다고 한다.

"자연 상태에서 방사성 탄소의 양이 1이라 하고, 화석 속에 들어 있는 방사성 탄소의 양을 $\frac{1}{8}$이라고 하자. 화석 속에 들어 있는 방사성 탄소의 양은 1에서 $\frac{1}{2}$로, 다시 $\frac{1}{2}$에서 $\frac{1}{4}$로, 그리고 $\frac{1}{4}$에서 $\frac{1}{8}$로 줄어든 것이지. 즉 $\frac{1}{8}=\frac{1}{2}\times\frac{1}{2}\times\frac{1}{2}$이니까, **반감기가 세 번 지난 거야.** 따라서 이 화석의 나이는 5,730년에 3을 곱하면 돼. 즉 17,190년 전에 만들어진 화석이야."

화석 나이 구하기

어떤 화석 속에 A라는 방사성 원소가 들어 있다. A의 양을 측정했더니 처음 들어 있던 양의 25%만 남아 있었다. 그렇다면 이 화석은 언제 만들어진 걸까? A의 반감기는 1,000년이다.

→ 남아 있는 A의 양이 처음 양의 25%라고 했으니까,
처음 양의 $\frac{1}{4}$이 남은 것이다.

$\frac{25}{100}=\frac{1}{4}=\frac{1}{2}\times\frac{1}{2}$

반감기가 두 번 지났으니까 1,000x2=2,000(년)이다.
즉 이 화석은 2,000년 전에 만들어졌다.

Q | 그림에서 A층이 1500년 전에 쌓였고, C층이 3800년 전에 쌓였다면 B층은 언제 쌓였을까?

A | 지층 누중의 법칙에 따라 아래쪽 지층이 위쪽 지층보다 오래되었다는 것을 알 수 있다. 따라서 B층은 C층이 쌓인 뒤부터 A층이 쌓이기 전까지 쌓인 지층이다. 즉 B층은 3800년 전부터 1500년 전 사이에 쌓였다.

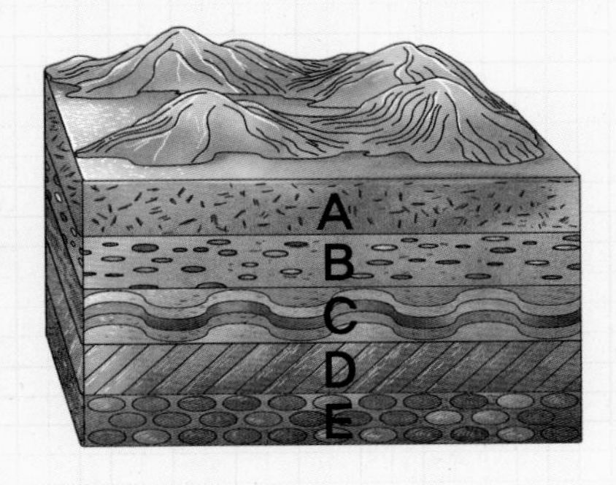

Q | 그림에서 A, B, C층이 만들어진 순서를 알아볼까?

A | 관입의 법칙에 따라 원래 있던 지층보다 뚫고 들어온 지층이 나중에 만들어졌다는 것을 알 수 있다. C층이 A와 B층을 뚫고 들어갔기 때문에 가장 나중에 형성된 층이다. 또한 B층이 A층을 뚫고 들어갔기 때문에 B층이 A층보다 나중에 형성된 것을 알 수 있다. 따라서 만들어진 순서는 A층 → B층 → C층이다.

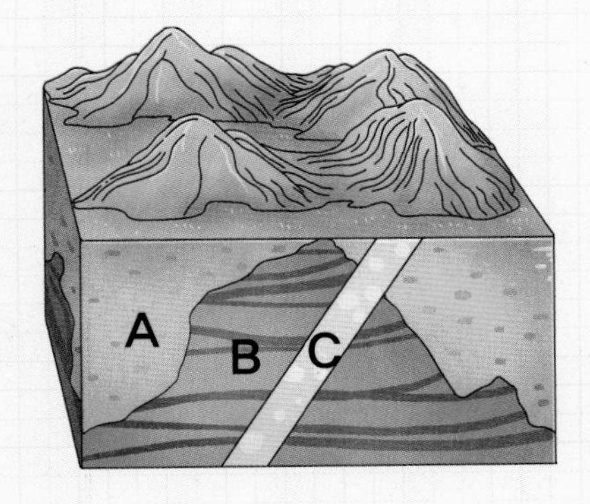

Q | 반감기란 무엇일까?

A | 방사성 원소는 시간이 흐르면 일정한 속도로 줄어든다. 이때 방사성 원소의 양이 처음의 반으로 줄어드는 데 걸리는 시간을 반감기라고 한다. 방사성 원소는 그 시간의 차이는 있지만 모두 반감기가 있다. 그렇기 때문에 반감기를 이용하여 암석의 나이를 측정할 수 있다. 칼륨의 반감기는 약 13억 년이다. 어떤 암석에 있는 칼륨의 양이 처음의 $\frac{1}{2}$로 줄었다면 그 암석은 약 13억 년 전에 만들어진 것을 알 수 있다.

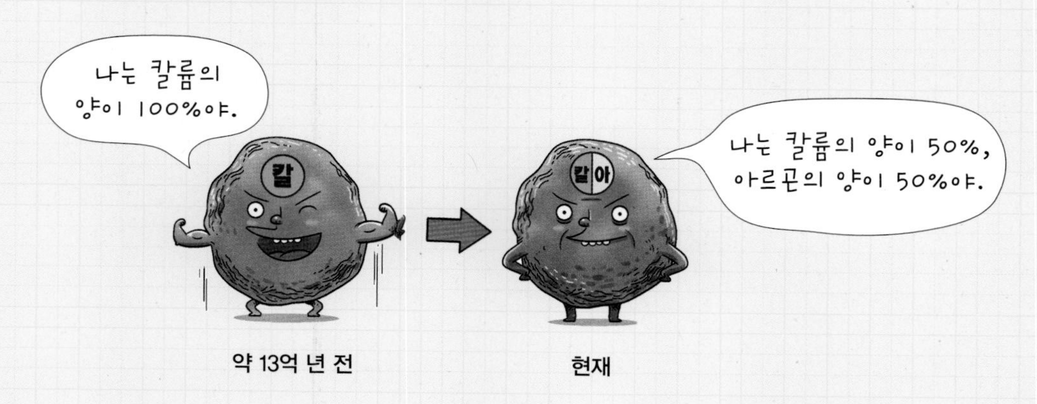

나는 칼륨의
양이 100%야.
칼
나는 칼륨의 양이 50%,
아르곤의 양이 50%야.
칼 아

약 13억 년 전 현재

Q | 어떤 암석의 우라늄 양이 처음의 $\frac{1}{4}$이라면 암석이 만들어진 시기는 언제일까?

A | 우라늄의 양이 처음의 $\frac{1}{4}$이라면 반감기가 두 번 지났다는 것이다. 왜냐하면 $\frac{1}{4}=\frac{1}{2}\times\frac{1}{2}$이기 때문이다.

우라늄의 반감기는 45억 년이다. 반감기가 두 번 지났으므로, 45X2=90으로 암석은 90억 년 전에 만들어진 것이다. 이렇게 방사성 원소 양을 이용해서 화석이 만들어진 시기를 알아내는 방법이 절대 연대 측정법이다.

공룡을 만나자!

공룡이 등장하는 이야기

"혜별아, 공룡이 나오는 영화를 본 적이 있니?"

"그럼요."

"뭐가 가장 **재미있었어?**"

"아빠랑 3D로 만든 〈쥬라기 공원〉이라는 영화를 봤어요. 내 눈앞에서 티라노사우루스가 이빨을 드러내는데 얼마나 무서웠는지 몰라요!"

영화 〈쥬라기 공원〉의 주인공 과학자는 호박에 갇힌 모기에서 뽑아낸 공룡 DNA를 이용해서 공룡을 만든다. 그런데 공룡들이 마구 날뛰며 사람을 공격해서 위험에 빠지게 된다. 거대한 공룡의 공격을 피해 도망치는 주인공들의 모습이 손에 땀이 날 정도로 흥미진진했다.

"실제로 공룡이 되살아나면 어쩌나 겁이 나서 밤잠을 설쳤다니까요."

"그래? 그 영화는 사실과는 아주 다른데……."

"어떤 점이 달라요?"

"영화 속에서는 호박 속 모기의 몸속에 남아 있던 공룡의 혈액을 추출해서 DNA를 찾아내지만 실제로는 그럴 수가 없어. 또 화석이 된 모기 안에 들어 있는 공룡의 DNA는 모기의 DNA로 오염되어 있을 거야. 그러니 제대로 된 공룡을 만들 수 없겠지?"

"그런 문제가 있었구나."

또 삼촌은 영화의 주인공이라 할 수 있는 티라노사우루스는 쥐라기에 살았던 공룡이 아니라 백악기에 살았던 공룡이라고 했다. 그러니까 영화는 어디까지나 감독과 작가의 상상력으로 만들어진 것이었다.

"순 엉터리네요."

"아직까지 공룡에 대해 연구할 게 많이 남아 있단다. 그래서 세계 곳곳의 학자들이 계속 연구하고 있지."

공룡이 등장하는 영화, 만화, 그림책이 많은 것을 보면 사람들은 한 번도 보지 못한 공룡에 대해 궁금증이 끊이지 않나 보다.

"혜별이가 가장 좋아하는 공룡은 뭐지?"

"브라키오사우루스요. 〈아기 공룡 둘리〉 만화 영화에도 나와요. 둘리 엄마가 바로 브라키오사우루스예요. 둘리를 애타게 부를 때 저도 얼마나 슬펐다고요."

"브라키오사우루스는 덩치가 아주 **큰** 공룡이지. 키도 사람의 열 배 이상 된단다. 독일 자연사 박물관에 브라키오사우루스 공룡 화석이 전시되어 있어. 삼촌이 혜별이를 데리고 꼭 한번 가야겠구나."

"삼촌, 브라키오사우루스를 실제 크기로 보고 싶어요."

"그래. 삼촌도 엄청나게 큰 브라키오사우루스를 만나고 싶은데? 나중에 삼촌과 함께 가자."

"그날이 빨리 왔으면 좋겠어요."

"지금은 브라키오사우루스를 보러 가는 대신 삼촌이 재미있는 공룡 영화 이야기를 들려줄게."

상상력이 낳은 공룡

"〈쥬라기 공원〉 영화를 보면서 궁금한 점은 없었니?"

"공룡 표정이 너무 무서워서 다른 생각을 할 겨를이 없었어요."

나는 사람들을 잡아먹으려던 무서운 공룡 얼굴을 떠올리며 말했다.

"그런데 말이야, 공룡도 표정이 있었을까?"

삼촌은 내가 전혀 예상하지 못한 질문을 했다.

"당연히 있었겠죠."

"아닐 수도 있지."

"사람도 표정이 있고, 강아지도 표정이 있잖아요. 동물은 모두 표정을 지을 수 있는 거 아닌가요?"

영화 〈쥬라기 공원〉은 작가 마이클 크라이튼의 베스트셀러인 《쥬라기 공원》이라는 책을 원작으로 하여 1993년에 만들어졌다.

영화나 만화에서는 공룡 표정을 생생하게 표현하지만, 과학자들은 실제 공룡은 무표정했을 것이라고 추측한다.

"하지만 공룡은 표정이 없었다고 주장하는 학자들도 많아. 쥬라기 공원만큼 공룡의 세계를 실감 나게 다룬 영화가 또 있어. 바로 〈다이너소어〉야. 그 영화의 주인공은 이구아노돈이지. 영화 속의 이구아노돈은 화가 나면 얼굴을 찌푸리고, 기분이 좋을 땐 혀를 쑥 내밀기도 하는데 그걸 본 과학자들이 단체로 항의한 적이 있단다."

"왜요?"

"실제로 이구아노돈의 화석을 복원시켜 보니 안면에 근육이 없고 입의 끝 부분은 각질 형태로 되어 있었던 거야."

"그럼 표정을 짓지 못하나요?"

"근육이 없으니 표정을 지을 수 없지."

"헉, 속았다!"

삼촌은 공룡 표정뿐만 아니라 피부의 색 역시 인간의 상상력으로 만들어

전라남도 해남에 있는 해남 공룡 박물관의 공룡 모형이다.

경상남도 고성에 있는 공룡 세계 엑스포의 공룡 모형이다.

낸 것이라고 했다. 〈쥬라기 공원〉의 감수를 맡았던 조지 칼리슨 박사는, 화석을 통해 공룡을 연구했지만 색소가 화석에 남아 있지 않아서 피부의 색을 알 수가 없다고 고백했단다. 결국 〈쥬라기 공원〉에서 본 무시무시한 티라노사우루스의 피부 색은 **상상으로** 만들어진 것이었다.

삼촌은 영화뿐 아니라 박물관이나 전시회에서 볼 수 있는 공룡 모형의 피부 색도 모두 상상으로 만든 것이라고 했다.

"그럼 영화에 나오는 **공룡 소리**도 상상인가요?"

"그렇지. 모든 소리를 복원할 수 없으니 대부분은 인간이 상상한 거야. 공룡은 뿔이나 관을 이용해 소리를 냈을 거라고 추측하지만, 구체적으로 어떤 소리였는지는 알 수 없대. 공룡의 사냥 방법 역시 상상으로 만든 것이래. 그리고 모기가 빨아 먹은 피를 이용해서 공룡 DNA를 복원하는 것 역시 영화 속에서나 가능한 일이지."

나는 우리나라에서 만든 영화 〈한반도의 공룡 점박이〉를 떠올려 보았다. 영화의 배경은 중생대 백악기다. 한반도에 살았던 타르보사우루스 가족의 막내인 '점박이'가 티라노사우루스 '애꾸눈'의 공격으로 엄마와 형제들을 잃고 스스로 성장해 가는 이야기다.

성장한 점박이는 애꾸눈으로부터 자신의 가족들을 지켜 내기 위해 노력하고, 더 살기 좋은 곳을 찾아 떠난다.

"삼촌, 공룡들이 점박이처럼 무리를 지어 살면서 가족을 지켰을까요?"

"글쎄다. 공룡이 영화에 나온 모습처럼 그렇게 사회적인 동물이었을지는 모르겠어. 하지만 우리나라에서 발견한 공룡 뼈 화석을 살펴보면 초식 공룡들 가운데 일부는 무리를 지어 살았을 것이라는 의견이 있지."

초식 공룡인 마이아사우라는 **'착한 어미 도마뱀'**이라고 불릴 정도로 새끼를 끔찍하게 챙기는 공룡이라고 한다. 마이아사우라는 새끼가 자라서 혼자 힘으로 사냥할 수 있을 때까지 새끼를 보살폈는데, 그 기간이 무려 10년이나 된다는 것이다.

"공룡의 습성들이 과학적으로 정확하게 밝혀지지는 않았지만, 여러 가지 화석과 자료를 바탕으로 추측하고, 거기에 사람들의 **풍부한 상상력**이 더해져서 재미있는 이야기로 만들어지고 있지."

현실이 된 상상

삼촌은 영화나 애니메이션 속 공룡 모습이 모두 비과학적인 것은 아니라고 강조했다.

"영화나 애니메이션 속의 **상상이** 실제 **현실이** 되기도 해. 〈쥬라기 공원 1〉에 등장한 육식 공룡 벨로키랍토르의 몸길이는 3m에 달했어. 거대한 공룡 모형이었지. 공룡을 연구하는 학자들은 영화에 등장하는 벨로키랍토르가 **터무니없이 크다며** 핀잔을 줬지."

"벨로키랍토르는 작은 공룡인가요?"

"그때까지 발견한 화석으로 학자들이 추측한 벨로키랍토르의 몸길이는 2m였거든. 하지만 이후에 실제로 3m에 달하는 거대한 벨로키랍토르 화석이 발견되었단다."

"학자들이 영화를 만드는 사람들의 상상력을 따라잡지 못한 거네요!"

벨로키랍토르
괜찮습니다. 때로는 상상력이 공룡 복원에 도움을 주지요.
3m 벨로키랍토르가 발견되었어요. 그간 알아낸 사실만 주장해서…….

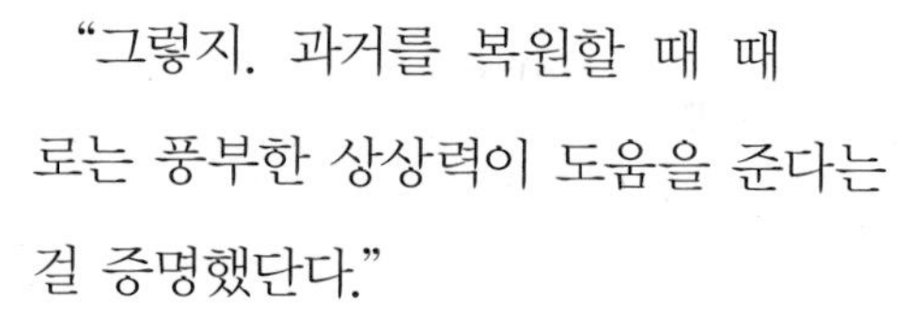

“그렇지. 과거를 복원할 때 때로는 풍부한 상상력이 도움을 준다는 걸 증명했단다.”

〈쥬라기 공원 2〉에서는 익룡이 새처럼 사뿐히 내려앉는 장면이 나오는데, 이것을 본 학자들은 크게 반발했다고 한다. 날개를 폈을 때 날개 길이가 10m나 되는 익룡이 새처럼 난다는 건 있을 수 없는 일이라고 생각했던 것이다. 하지만 오랜 연구 끝에 익룡이 새처럼 날았다는 사실을 밝혀냈다고 한다. 삼촌은 익룡이 공룡과 매우 가까운 관계이지만, 공룡이 아니라 비행 파충류라고 했다.

“초식 공룡인 브라키오사우루스가 앞발을 들어 나뭇가지에 달린 잎을 따 먹는 장면을 보고, 학자들은 절대 있을 수 없는 일이라고 했어.”

“정말 그런가요?”

나는 눈을 반짝이며 물었다.

“많은 화석을 연구해 보니 거대한 공룡들은 앞발을 들어 올렸을 때 체중을 감당할 정도로 뒷다리가 튼튼하다는 것을 알 수 있었어. 결국 학자들은 이 장면을 인정하게 되었지.”

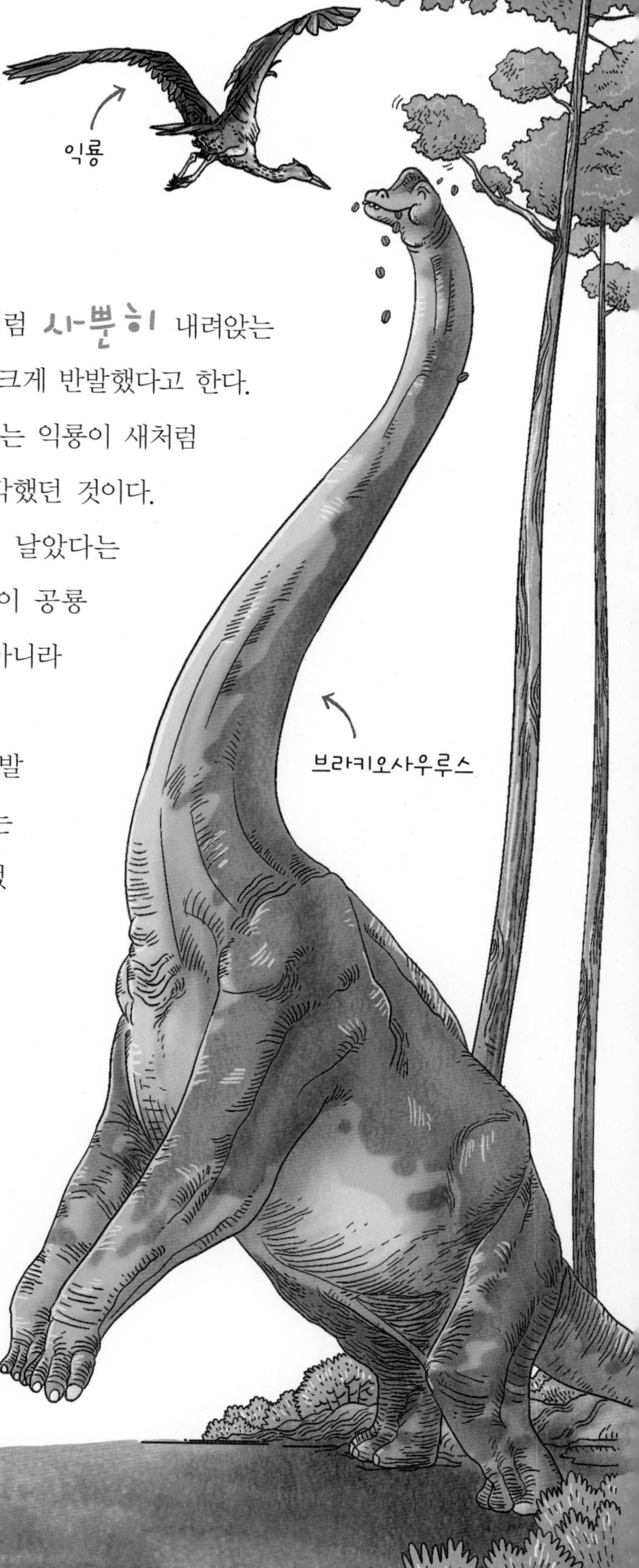

영화나 애니메이션에서는 공룡의 실제 모습에 상상력을 더해 새로운 모습을 만들어 낸다고 한다. 그러다 보니 〈쥬라기 공원 3〉에서는 피부의 색이 **울긋불긋한** 공룡이 나오기도 했다. 영화에서는 강가에 살고 있는 공룡을 푸른색으로 표현하기도 했고, 털이 있는 공룡을 만들기도 했다.

그런데 최근에는 이런 모습이 그저 상상이 아니라는 의견이 나오고 있단다. 어떤 학자들은 티라노사우루스가 어릴 때는 솜털이 있다가 어른이 되면서 차츰 빠진다고 주장하는데, 가슴에 털이 있는 공룡의 화석이 발견되면서 이런 주장이 나왔다고 한다.

"이처럼 공룡이나 과거 지구 환경에 관한 예술적 상상력은 실제 과학 기술과 함께 새로운 사실들을 발견해 내고 있단다."

"와, 영화를 만든 사람들의 상상력도 대단하고, 화석으로 밝혀진 새로운 사실들도 정말 놀라워요."

울긋불긋한 색이 잘 나오게 조명을 비춰 주세요.
멋진 장면을 만들어 봅시다.

영화 속으로 들어간 공룡

"영화에 공룡이 처음 등장한 건 언제였어요?"

"1908년에 만들어진 〈원시인〉이라는 영화에서 공룡이 등장했어. 원시인이 살아남기 위해 공룡과 싸운다는 이야기로, 이때까지만 해도 공룡은 **무시무시한** 괴물이었지. 그 후 1914년 〈공룡 거티〉라는 영화가 만들어졌고, 1933년에는 공룡과 킹콩이 한바탕 승부를 벌이는 영화 〈킹콩〉이 만들어졌단다. 1954년에는 일본에서 만든 SF 영화 〈고질라〉가 개봉했어. 이때까지는 영화에서 사납고 무시무시한 공룡만 나왔는데, 1980년대에 탄생한 만화 영화 〈아기 공룡 둘리〉의 **공룡은 사뭇 달랐지.**"

"저도 알아요. 〈아기 공룡 둘리〉는 둘리가 갇힌 빙산 조각이 서울의 한강으로 흘러 들어오면서 이야기가 시작돼요. 빙산 조각이 녹으면서 깨어난 둘리는 초능력으로 말썽을 부리기도 하지만 집주인 고길동, 어린 아기 희동이, 외계인 도우너, 타조 또치와 서로 도우며 살아요."

1914년 〈공룡 거티〉
공룡과 동물 조련사의 이야기로, 당시로는 매우 획기적인 극장용 애니메이션이었다.

1954년 〈고질라〉
고질라는 인간의 핵 실험으로 생겨난 공룡과 비슷한 괴물로, 사회상을 반영한 영화다.

"그래, 그렇게 둘리가 사람들과 어울려 사는 모습을 통해 공룡은 우리에게 친숙한 모습으로 다가왔단다."

1993년에 개봉했던 영화 〈쥬라기 공원〉에서는 중생대에 살았던 공룡들의 모습이 살아 있는 것처럼 생생해서, 영화를 본 사람들이 공룡에 열광하기 시작했다고 한다. 그 후 개봉한 영화 〈다이너소어〉에서는 세련된 그래픽 기술로 공룡이 더욱 세밀하게 표현되었단다.

"영화 〈다이너소어〉는 중생대 백악기가 배경이야. 포악한 카르노타우루스가 이구아노돈 '알라다'의 서식지를 습격하지만, 살아남은 알라다는 여우원숭이의 섬에서 평화롭게 살아가지.

그러던 어느 날 거대한 유성이 지구와 충돌해서 섬이 파괴되고, 알라다는 다른 친구들과 함께 안전한 곳을 찾아 떠나지. 이때 알라다는 다이너소어 무리를 만난단다. 알라다는 다이너소어를 사냥하려는 포악한 카르노타우루스에 맞서 싸우고, 결국 무사히 보금자리를 찾게 된단다."

"제가 알고 있던 것보다 공룡이 등장하는 영화가 많이 있었네요."

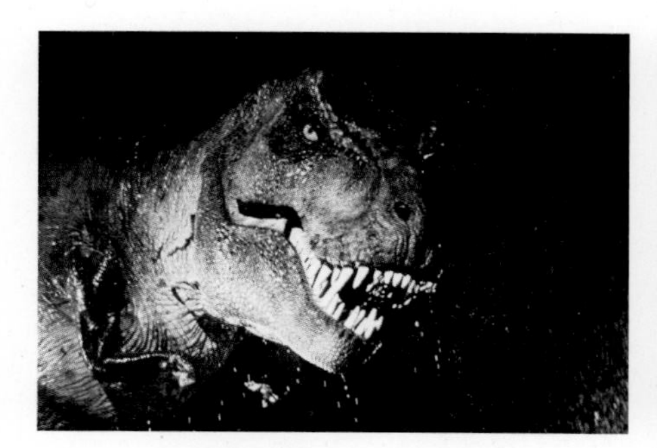

1993년 〈쥬라기 공원〉
스티븐 스필버그의 작품으로 긴장감과 스릴이 넘치는 공룡 영화다.

2000년 〈다이너소어〉
공룡의 피부까지 실감 나게 표현했고, 실사와 3D를 합성하여 화면이 생생하다.

우리나라에서도 공룡을 소재로 한 영화가 많이 만들어졌다고 한다. 1960년대 김기덕 감독이 만든 〈대괴수 용가리〉나 1999년에 심형래 감독이 만든 〈용가리〉는 세계 여러 나라로 수출될 만큼 인정받은 작품이었다고 했다.

"〈용가리〉는 최근에 나온 영화 아닌가요?"

"새로운 기술을 이용해서 더 실감 나고 멋진 영화를 만들었더구나. 예전에 내가 보았던 영화와는 비교도 할 수 없을 정도로 멋졌어."

"예전에는 어땠는데요?"

"〈용가리〉는 공룡 화석을 연구하는 학자가 티라노사우루스보다 50배 더 큰 공룡 화석을 발견하면서부터 시작되지. 이 화석이 우연히 번개에 맞아 전기 에너지 충격을 받게 되는 바람에 살아나게 되는 거야. 옛날에는 이런 이야기를 표현할 방법이 없었어. 요즘처럼 컴퓨터 그래픽이 발달한 때가 아니었으니까."

"요즘은 눈앞에 살아 움직이는 것처럼 실감 나는 영상이 나오는데."

"그래, 〈용가리〉는 손에 땀을 쥐게 하는 흥미진진한 영상이더구나. 그동안 기술이 참 많이 발전한 것 같아."

삼촌은 허허 웃으며 말했다.

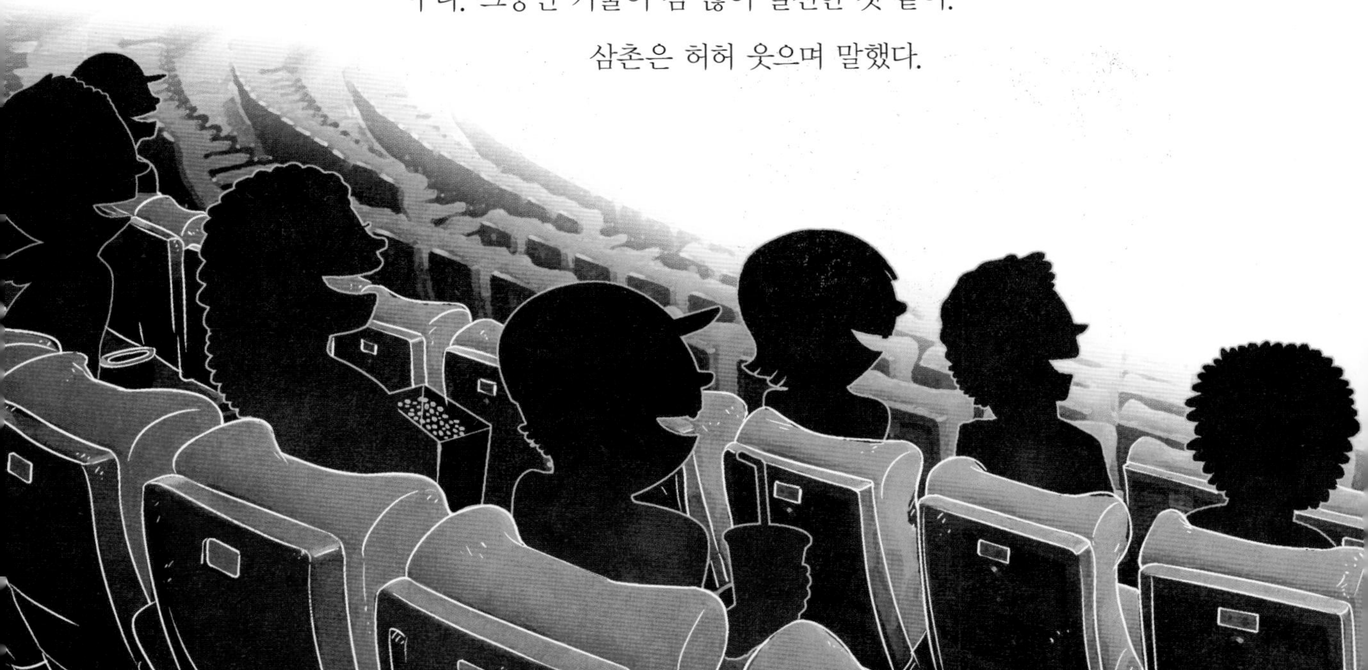

공룡에 대해 별로 아는 게 없었던 때는 공룡이 그저 크고 사납고 무서운 동물이었을 뿐이었다고 한다. 무얼 먹는지, 어떻게 사는지, 몇 년이나 사는지 알 수 없었으니 상상을 하는 것조차 막연했던 것이다.

하지만 시간이 흐르면서 차츰 공룡에 대한 사실을 밝혀내게 된 사람들은 새로운 사실에 상상력을 덧입히기 시작했고, 덕분에 재미있는 공룡들이 탄생하게 됐다.

"난 요즘 사람들이 공룡에 관심을 갖게 된 게 참 좋은 일이라고 생각해."

"왜요?"

"공룡 덕분에 사람들이 옛날 지구의 모습을 궁금해하게 되었잖니."

공룡을 깨우는 사람들

"왜 삼촌은 공룡 화석을 발굴하고 연구하는 거예요?"

"삼촌은 고생물 학자니까 화석을 연구하지. 또 훗날에는 공룡 복원 전문가가 되고 싶어서 공룡 화석을 더 열심히 연구하는 거고."

"공룡 복원 전문가가 뭔데요?"

"말하자면 과거 속에 깊이 잠든 공룡을 깨우는 사람들이지. 공룡을 복원해서 우리 눈앞에 보여 주니까 말이야."

공룡 복원 전문가들은 단지 화석을 분석하는 일만 하는 것이 아니라 수집한 뼈에 살을 붙이고, 숨결을 불어넣어 마치 실제 공룡이 눈앞에 나타난 것처럼 **실감 나게 만드는** 일을 하는 사람들이라고 한다.

"공룡 복원 전문가들이 복원한 공룡은 각종 전시장에 전시되기도 하고, 박물관에 기증되기도 해. 또한 영화나 애니메이션에 등장하는 공룡의 모습

공룡 복원 전문가들이 복원한 공룡이에요!
우아, 마치 살아 숨 쉬는 것 같아요!

아마르가사우루스 화석
1994년에 화석을 발굴하여 아마르가사우루스의 골격을 복원했다.
현재는 오스트레일리아 멜버른 박물관에 전시되어 있다.

도 공룡 복원 전문가의 손길을 거친 것이지."

1992년 아르헨티나 아마르가 마을에서 거대한 아마르가사우루스의 뼈 화석이 발견되었다고 한다. 공룡 복원 전문가들은 몸높이 약 2.5m, 몸길이 약 10m, 몸무게 약 3.3t에 달하는 아주 거대한 아마르가사우루스의 골격을 복원하여 **박물관에 전시해** 놓았단다.

"공룡 복원 전문가들은 과학적이고 사실적이며 아름다운 공룡을 만들기 위해 노력하고 있어. 영화 〈쥬라기 공원〉에 나온 공룡들은 모두 공룡 복원 전문가들이 과학적 검증을 거쳐 모형을 만든 것이란다. 물론 한 번도 본 적 없는 공룡을 복원하는 데는 **한계가 있지만** 말이야."

공룡 복원 전문가는 끈기와 인내가 필요한 직업이라고 한다. 왜냐하면 공룡 한 마리를 복원하려면 대략 6~8개월이 넘는 시간이 필요하기 때문이란다. 공룡 한 마리를 복원할 때 필요한 뼈 화석이 적게는 100~200개에서 많게는 300~400개인데, 그 많은 뼈 화석을 다 맞춰야 하니 시간이 오래 걸릴 수 밖에 없다고 한다.

"공룡 복원 전문가는 **상상력**도 풍부해야 해. 공룡 피부의 색은 상상으로 만든다고 했었지? 그런데 피부 주름이나 돌기 모양 같은 것은 화석을 통해 **과학적 근거**를 바탕으로 만들 수 있어. 그래서 공룡의 피부 모양, 발톱 길이, 다리 길이, 몸집 등은 실제 공룡과 비슷하게 만들지. 그런데 공룡 복원 전문가들이 피부의 색 말고 난처해하는 부분이 하나 더 있단다. 바로 눈꺼풀, 입술, 입 속을 복원하는 일이야."

"그건 어떻게 하는 건데요?"

"이런 부위들은 화석이 남아 있지 않기 때문에 어디까지나 공룡 복원 전문가의 상상력으로 만들어지지. 이때는 주로 도마뱀 같은 파충류의 모습을 본떠 만드는 경우가 많다는구나. 공룡은 파충류니까 비슷할 거라고 생각하기 때문이지. 실제로 공룡 피부의 주름이 화석으로 발견되었는데, 공룡 피부의 모양이 현재의 **파충류와 비슷했단다.**"

현재까지 전 세계적으로 복원한 공룡은 800여 종에 이른다고 한다. 물론 과거에 살았던 공룡은 헤아릴 수 없을 정도로 많았을 것이다. 하지만 지금까지 발굴한 화석이 충분하지 않기 때문에 형태를 짐작하여 복원할 수 있는 공룡은 겨우 800여 종뿐이라고 한다.

우리나라도 공룡 복원에 성공하기까지 오랜 시간이 걸렸다고 한다. 오랜 연구 끝에 전라남도 보성군에서 발견한 화석으로 코리아노사우루스 보성엔시스를 복원하였고, 경기도 화성시 전곡항에서 발견한 화석으로 코리아케라톱스 화성엔시스를 복원하였단다. 코리아케라톱스는 2년의 연구 기간을 거쳐 한반도에 살았던 뿔 공룡이라는 사실이 밝혀졌다고 한다.

우리나라 땅에서도 과거에는 많은 공룡이 살았을 것이다. 삼촌은 지금도 많은 연구 팀이 우리나라 땅에서 발견된 화석들을 열심히 연구하고 있으니까 앞으로 **더 많은 공룡을 복원시킬 것**이라며 활짝 웃었다.

"공룡 복원 전문가가 많아져야 많은 공룡들이 **생생한 모습**으로 우리와 만날 수 있지 않을까?"

삼촌의 말에 나는 고개를 끄덕였다.

이 공룡은 어떤 모습이었을까?
도마뱀과 비슷했을까, 아니면
악어와 더 비슷했을까?
복원 전문가는
상상력이 풍부해야
하는구나.

삼촌과 화석에 대해 이야기를 나누다 보니 어느덧 날이 어두워졌다.

지루할 것만 같았던 삼촌과의 만남은 내 예상과는 다르게 정말로 흥미롭고 재미났다. 삼촌이 나를 화석 발굴지로 초대한 것이 고맙기까지 했다.

나는 다구 삼촌을 다시 생각하게 되었다.

"내 꿈은 공룡 복원 전문가가 되어 우리나라에 살았던 공룡을 실제처럼 복원하여 사람들에게 소개하는 거야."

흥분한 얼굴로 자신의 꿈을 말하는 삼촌이 정말 멋있었다.

"자, 이제 잘 시간이야. 꿈에서 멋진 공룡 친구들을 만나렴."

"벌써 잘 시간이에요? 잠이 안 오는데……."

나는 쉽게 잠이 오지 않을 것 같았다. 왜냐하면 내가 누워 있는 이 자리 어딘가에 공룡이 잠들어 있다는 생각에 가슴이 두근거리고 마음이 설레었기 때문이다.

'꿈속에서 공룡을 만났으면…….'

나는 이렇게 생각하며 눈을 스르르 감았다.

영화 속 공룡 모습은 실제와 같을까?

A | 영화 속 공룡을 재현할 때는 화석 발굴과 연구 결과로 밝혀진 사실을 바탕으로 한다. 공룡의 크기, 먹이, 생활 습관 등 지금까지 고생물 학자들이 연구하여 알아낸 사실을 바탕으로 영화 속 공룡의 생김새와 생활 모습을 만드는 것이다. 다만 아직 밝혀지지 않은 사실은 상상력을 발휘하여 완성한다.

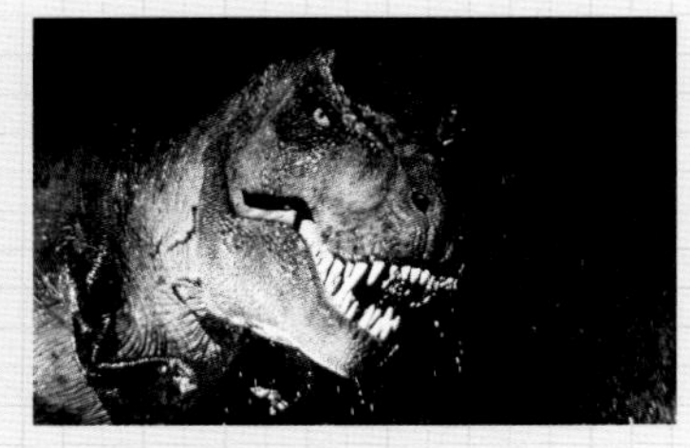
1993년 〈쥬라기 공원〉

예를 들어 공룡 피부의 색은 화석을 통해 알 수 없다. 피부의 색을 결정하는 색소가 화석에 남아 있지 않기 때문이다. 그래서 공룡과 가장 유사한 파충류 피부의 색으로 유추하여 공룡의 피부를 재현한다. 즉 공룡을 일반적으로 갈색이나 녹색으로 표현하는 것은 상상에 의한 것이다. 또한 영화에서 표현하는 공룡의 울음소리도 상상으로 만든 것이다.

영화에서는 공룡이 어떤 존재로 등장할까?

영화 속에서 공룡은 날카로운 이빨을 드러내며 괴성을 지르는 무서운 존재로 등장하기도 하고, 인간과 친해지고 싶어 하는 온순한 동물로 등장하기도 한다.

만화 영화 〈아기 공룡 둘리〉에서는 공룡이 인간과 친밀한 존재로 나오고, 〈쥬라기 공원〉에서는 공룡이 인간을 쫓아다니며 위협하는 무서운 존재로 나온다.

실제로 공룡이 어떤 성격이었는지 정확하게 알 수는 없다. 성격을 알기 위해서는 뇌 구조와 여러 가지 행동 양식을 파악해야 하기 때문이다. 현재 학자들이 공룡의 생활 습성 등을 연구하고 있어 훗날 연구 결과가 쌓이면 공룡이 실제로 무서운 존재였는지 온순한 존재였는지도 밝혀질 것이다.

이구아노돈은 실제 표정이 있었을까?

A | 영화 <다이너소어>에는 백악기를 배경으로 30여 종의 공룡이 등장한다. 그중 주인공인 알라다는 이구아노돈이다. 영화 속에서 이구아노돈인 알라다는 다양한 표정을 연기한다.

하지만 화석으로 밝힌 이구아노돈의 얼굴은 안면 근육이 없고 입이 뾰족한 차가운 인상이다. 특히 입의 끝부분에는 손톱 같은 뾰족한 주둥이가 있어 이구아노돈은 표정을 짓기 어렵다. 현재 살고 있는 파충류인 악어를 관찰해도 얼굴에 별다른 표정이 없기 때문에 학자들은 이구아노돈이 무표정했다고 추측한다.

2000년 <다이너소어>

공룡을 복원하는 사람들은 누구일까?

발굴한 공룡 뼈 화석을 맞추어 공룡의 모습을 복원하려면 과학과 예술의 힘이 필요하다. 그래서 공룡을 복원하는 사람들은 고생물 학자, 해부학자, 예술가 등 여러 분야에 걸쳐 있다. 고생물 학자는 화석을 연구하는 과학자로, 발굴한 화석에서 새로운 정보를 알아낸다. 해부학자는 생물의 구조를 잘 알고 있기 때문에 공룡을 복원할 때 도움을 준다.

공룡의 몸짓이나 피부를 표현할 때는 예술가의 예술적인 감각을 바탕으로 복원한다. 이렇게 다양한 분야의 사람들이 노력하여 예술적이고 과학적인 안목 사이에서 균형을 올바르게 잡아 공룡을 복원한다.

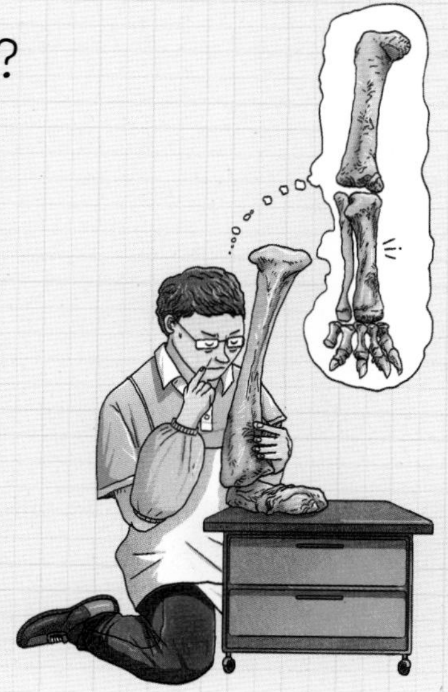

핵심 용어

광물
암석을 이루고 있는 알갱이. 광물에는 석영, 장석, 운모 등 2,500여 종이 있고, 한 가지 광물 이상이 모여 암석을 이룸.

단백질
고기와 콩 등에 주로 들어 있으며, 동물의 살과 힘줄 따위를 만드는 영양소.

도마뱀
파충류에 속함. 몸길이가 약 8cm이고 그중 꼬리 길이가 4cm 정도임. 대부분 원통형 몸통에 긴 꼬리와 다리가 있음. 낮에는 휴식을 취하고 밤에 곤충을 잡아먹는 야행성임.

레오나르도 다빈치(1452년~1519년)
르네상스 시대의 이탈리아를 대표하는 천재적 미술가, 과학자, 기술자, 사상가. 르네상스 미술을 완성시켰다는 평가를 받음. 조각, 건축, 토목, 수학, 과학, 음악까지 다양한 분야에서 재능을 보임. 다빈치는 해부학과 동물학에도 깊은 관심을 가지고 연구하였음.

매머드
신생대에 번성하였던 포유류로, 약 1만 년 전에 멸종함. 키가 약 4m이고, 몸무게는 5~10t으로 매우 무거움. 온몸이 갈색 털로 덮여 있으며 오늘날의 코끼리와 비슷함. 열을 빼기지 않기 위해 귀는 코끼리에 비해 작음.

맨텔(1790년~1852년)
영국의 의사, 지질학자, 고생물 학자. 맨텔은 특히 중생대의 고생물을 연구했으며, 이구아노돈, 라에오사우루스, 펠로로사우루스, 레그노사우루스로 알려진 공룡을 발견했음. 화석과 지질학에 관한 책을 집필함.

박테리아
다른 생물체에 붙어 살며 발효 작용이나 부패 작용을 하기도 하고, 병을 일으키기도 하는 아주 작은 생물.

산소
냄새와 빛깔이 없고 생물이 숨 쉬거나 에너지를 얻기 위해 반드시 필요하며, 물질이 불에 타는 데도 필요한 기체 원소.

삼엽충
고생대에 크게 번성하였고, 등에 딱딱한 껍데기를 가진 바다 생물. 고생대의 캄브리아기에서 페름기에 걸쳐 얕은 바다나 바다 밑의 진흙에서 살았고, 고생대에 만들어진 지층에서 볼 수 있는 대표적인 표준 화석.

수증기
일정한 온도(100℃) 이상으로 물을 가열하여 물이 기체 상태가 된 것.

암모나이트
중생대에 크게 번성하였고, 껍데기에 국화 같은 주름이 있는 바다 생물. 중생대에 만들어진 지층에서 볼 수 있는 대표적인 표준 화석.

암모니아
색이 없고 달걀 썩는 것과 같은 자극적인 냄새가 나는 기체.

암석
지구의 표면을 덮고 있는 단단한 물질로, 땅뿐만 아니라 바다 밑바닥도 덮고 있음. 크게 화성암, 퇴적암, 변성암으로 나눔.

오스트랄로피테쿠스
남아프리카에서 발견한 화석으로 그 존재가 알려져 있는 과거의 인류. 두뇌의 부피가 현재 인류의 3분의 1정도였고, 직립 보행을 하며 두 손으로 도구를 사용함.

용암
화산이 분출할 때 나오는 액체 상태의 물질로, 마그마가 지표의 약한 곳을 뚫고 나와 땅 위로 흐르는 것. 또는 그것이 식어 굳어서 생긴 암석.

운석
대기 중에 들어온 유성이 떨어질 때 다 타 버리지 않고 땅에 떨어진 것.

월석
달 표면에 있는 돌.

이산화탄소
탄소와 산소의 화합물로, 탄소가 완전히 탈 때 생기는 색깔과 냄새가 없는 기체. 우리가 숨을 내쉴 때 섞여 나오기도 하고, 공기 속에 들어 있기도 함.

파충류
비늘이나 갑옷과 같은 각질로 피부가 덮여 있는 척추동물. 수분을 몸 안에 보존할 수 있기 때문에 건조한 지역에서도 살 수 있음. 알이 껍질에 쌓여 있어서 말라 버릴 위험이 없기 때문에 육지에서 알을 낳아 번식할 수 있음.

호모 사피엔스
여러 종류의 석기를 만들어 사용하였고, 시체를 매장하는 풍습을 가지고 있었음. 도구를 만들어 사용할 수 있었고 언어와 문자 같은 상징들을 사용했음.

호모 하빌리스
동아프리카에서 발견한 화석으로 그 존재가 알려진 과거의 인류. 약 150~200만 년 전에 아프리카에서 살았고, 능력 있는 사람이라는 뜻을 가짐.

일러두기

1. 띄어쓰기는 국립국어원에서 펴낸 「표준국어대사전」을 기준으로 삼았습니다.
2. 외국 인명, 지명은 국립국어원의 「외래어 표기 용례집」을 따랐습니다.